职业教育"十三五"规划教材
高职高专院校艺术设计类专业规划教材

Flash CS6 动画设计教程

◎ 主 编 曹财耀 康海燕

电子工业出版社
Publishing House of Electronics Industry
北京·BEIJING

内 容 简 介

　　本书以初学者为基点，按照由浅入深、循序渐进的学习规律编排章节内容，案例丰富、针对性强，以原创为主，结合编者平时教学积累的经验精心设计而成。本书共 8 章，包括 Flash CS6 基本界面和文档管理，图形的绘制与编辑，元件、实例和库，动画制作，简单交互动画的制作，使用文本、声音与视频，发布 Flash 文档。每章都介绍了重点要掌握的技术与理论知识，并配有代表性的案例和实训，有些章节后还附有练习。通过案例、实训与练习，使学习者能较快地使用 Flash CS6 的各种功能进行设计和制作动画。另外，本书还提供了相关的素材，其中包括书中用到的范例源文件及各种素材，供学习者参考和使用。

　　本书既可作为各类高职院校相关专业的 Flash 动画制作基础教材，也适合广大 Flash 爱好者、中小学校教师以及从事动画制作的人员使用。

图书在版编目（CIP）数据

Flash CS6 动画设计教程 / 曹财耀，康海燕主编. —北京：电子工业出版社，2019.4

ISBN 978-7-121-35757-2

Ⅰ．①F… Ⅱ．①曹… ②康… Ⅲ．①动画制作软件—高等学校—教材 Ⅳ．①TP391.414

中国版本图书馆 CIP 数据核字（2018）第 273640 号

策划编辑：贺志洪
责任编辑：裴　杰
印　　刷：北京盛通印刷股份有限公司
装　　订：北京盛通印刷股份有限公司
出版发行：电子工业出版社
　　　　　北京市海淀区万寿路 173 信箱　邮编　100036
开　　本：787×1 092　1/16　印张：13.5　字数：345.6 千字
版　　次：2019 年 4 月第 1 版
印　　次：2019 年 4 月第 1 次印刷
定　　价：41.00 元

编委会名单

主　编

　　曹财耀　宁波城市职业技术学院

　　康海燕　宁波城市职业技术学院

参编人员（按姓氏笔划为序）

　　王　浩　奉化区技工（旅游）学校

　　朱晓鸣　浙江工商职业技术学院

　　阮焕立　宁波卫生职业技术学院

　　吴禀雅　浙江金融职业学院

　　宋芳琴　绍兴职业技术学院

　　原素芳　宁波城市职业技术学院

　　唐云廷　浙江大学宁波理工学院

　　蒋　晟　奉化区技工（旅游）学校

　　谢良辰　宁波城市职业技术学院

　　谢晓飞　浙江医药高等专科学校

前　言

Flash CS6 是美国 Adobe 公司推出的矢量动画制作软件，它广泛用于动画设计、多媒体设计、Web 设计等领域，在多媒体设计领域中占重要地位。

编写本书的初衷是根据学校的教学实际，贯穿"基础课为专业服务"的理念，把 Flash 动画制作融入"计算机应用"课程中，丰富了教学内容，服务于园林类专业，为园林类学生的后续学习提供保障。

本书以初学者为基点，按照由浅入深、循序渐进的学习规律编排章节内容，案例丰富针对性强，以原创性为主，结合编者平时教学积累的经验精心设计而成。本书共 8 章，包括 Flash CS6 基本界面和文档管理，图形的绘制与编辑，元件、实例和库，动画制作，简单交互动画的制作，使用文本、声音与视频，发布 Flash 文档。每章都介绍了重点要掌握的技术与理论知识，配有代表性的案例和实训，有些章节后还附有练习，通过案例、实训与练习，使学习者能较快地使用 Flash CS6 的各种功能进行设计和制作动画。

在本书的编写过程中，编者深入学校进行调研，结合基层教师的教学经验，听取学校领导和基层教师对本课程的教学建议，了解学生的学习情况，为学生的进一步学习奠定基础。

本书由曹财耀和康海燕担任主编，参与本书编写的还有王浩、朱晓鸣、阮焕立、吴禀雅、宋芳琴、原素芳、唐云廷、蒋晟、谢良辰、谢晓飞，在本书的编写、出版过程中，编者得到了杭州开元书局、宁波城市职业技术学院、浙江医药高等专科学校、绍兴职业技术学院、浙江工商职业技术学院、宁波卫生职业技术学院、浙江金融职业学院、浙江大学宁波理工学院、奉化区技工（旅游）学校领导和教师的大力支持，在此表示衷心感谢！

由于编者水平有限、编写时间仓促，书中难免有不足之处，衷心希望广大教师、学生和读者提出宝贵意见和建议，以便再版时及时修正。

编　者

目　录

第1章 Flash CS6 基本界面和文档管理

本章通过一个简单的实训来熟悉 Flash CS6 基本界面及文档的管理过程，将学习以下内容。

- ➤ 创建新文件
- ➤ 利用"属性"面板调整"舞台"参数
- ➤ 在"时间轴"面板中添加图层
- ➤ 在"时间轴"面板中管理关键帧
- ➤ 在"库"面板中处理图像
- ➤ 在"舞台"中移动和重新定位对象
- ➤ 打开和使用面板
- ➤ 熟练使用"工具"面板中的工具
- ➤ 预览 Flash 动画
- ➤ 保存 Flash 文件
- ➤ 访问 Flash 的在线资源

1.1 启动 Flash

在刚刚启动中文版 Flash CS6 或者关闭所有 Flash 文档时，会自动进入 Flash CS6 的"欢迎"界面，如图 1-1 所示。它由 5 个区域组成，各区域的作用分别如下。

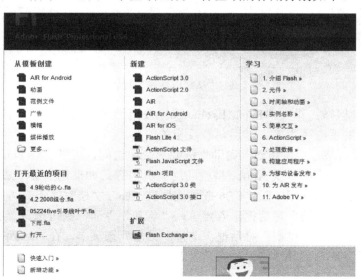

图 1-1 Flash 的"欢迎"界面

（1）"打开最近的项目"区域：列出了最近打开过的 Flash 文件名称，单击其中一个文件名称，即可打开相应的 Flash 文档。单击"打开"按钮 📂打开...，可以弹出"打开"对话框，利用该对话框可以打开外部的一个或多个 Flash 文档。

（2）"新建"区域：列出了可以创建的 Flash 文件类型名称。选择"ActionScript 3.0"选项，可以新建一个 ActionScript 版本为 ActionScript 3.0 的普通 Flash 文档；选择"ActionScript 2.0"选项，可以新建一个 ActionScript 版本为 ActionScript 2.0 的普通 Flash 文档；可以锁定最新的 Adobe Flash Player、AIR 运行时及 Android、iOS 设备平台。选择"Flash 项目"选项，弹出"创建新项目"对话框，利用该对话框可以新建一个项目。

（3）"从模板创建"区域：列出了一些 Flash CS6 提供的模板类型，选择其中一个模板类型名称或"更多"按钮，即可弹出"从模板新建"对话框，如图 1-2 所示。在该对话框中可以选择一个具体的模板，以进一步利用模板创建 Flash 文档。

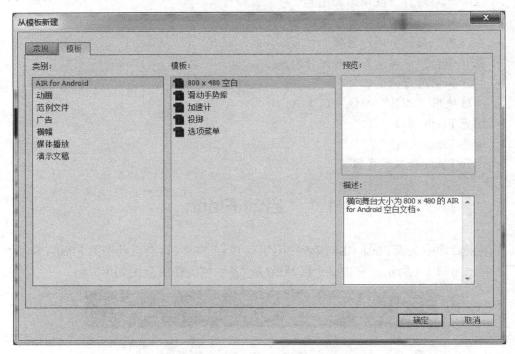

图 1-2　"从模板新建"对话框

（4）"扩展"区域：单击"Flash Exchange"按钮，链接到"Flash Exchange"网站，可以在其中下载助手应用程序、扩展功能及相关信息。

（5）"帮助"区域：提供了对"帮助"资源的快速访问，可以了解 Flash CS6 的新增功能、了解有关文档资源和查找 Adobe 授权的培训机构等。如果选中最下边的"不再显示"复选框，则下次启动中文版 Flash CS6 或关闭所有 Flash 文档时，不会再弹出此对话框，而是直接弹出"新建文档"对话框。若要进入"欢迎"界面，则可选择"编辑"→"首选参数"选项，弹出"首选参数"对话框，选择"常规"选项卡，在"启动时"下拉列表中选择"欢迎屏幕"选项，并单击"确定"按钮。

1.2　舞台工作区

　　启动中文版 Flash CS6，新建一个普通的 Flash 文档，此时中文版 Flash CS6 的舞台工作区如图 1-3 所示。可以看出，Flash CS6 的工作区由以下部分组成：菜单栏、主工具栏、工具箱、时间轴、场景和舞台、属性面板及浮动面板。

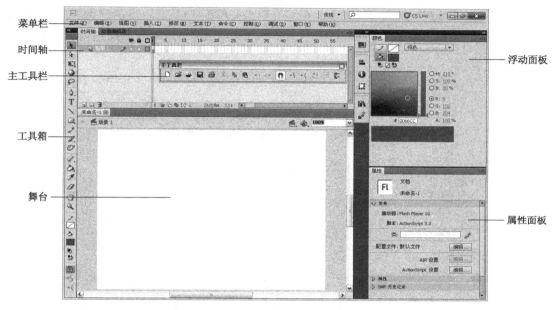

图 1-3　舞台工作区

1．舞台和舞台工作区

　　舞台是在创建 Flash 文档时放置图形内容的矩形区域。创作环境中的舞台相当于 Flash Player 或 Web 浏览器窗口中显示 Flash 文档的矩形空间。

　　舞台工作区是舞台中的一个白色或其他颜色的矩形区域，只有在舞台工作区内的对象才能够作为影片输出和打印出来。通常，在运行 Flash 后，它会自动创建一个新影片的舞台。舞台工作区是绘制图形和输入文字，编辑图形、文字和图像等对象的矩形区域，也是创建影片的区域。图形、文字、图像和影片等对象的展示也可以在舞台工作区中进行。可以使用舞台周围的区域存储图形和其他对象，在播放 SWF 文件时不在舞台上显示。

2．调整舞台工作区显示比例

　　方法一：舞台工作区的上方是编辑栏，编辑栏的右侧有一个可改变舞台工作区显示比例的下拉列表，如图 1-4 所示，可以选择下拉列表中的选项或输入百分比来改变显示比例。该下拉列表中各选项的作用如下。

　　① 符合窗口大小：可以按窗口大小显示舞台工作区。

　　② 显示帧：可以按舞台的大小自动调整舞台工作区的显示比例，使其能够完全显示出来。

　　③ 显示全部：可以自动调整舞台工作区的显示比例，将其中的所有对象都完全显示

出来。

④ 100%（或其他百分比例数）：可以按 100%（或其他比例）显示。

方法二：单击"视图"→"缩放比率"选项，弹出其子菜单，如图 1-5 所示，它与图 1-4 所示选项基本一样。

方法三：使用工具箱中的"缩放工具"可以改变舞台工作区的显示比例，并同时改变其内对象的显示比例。选择工具箱中的"缩放工具" 🔍，则工具箱选项栏内会出现 🔍 和 🔍 两个按钮。单击 🔍 按钮，再次单击舞台可放大；单击 🔍 按钮，再次单击舞台可缩小。

单击按钮 🔍 后，在舞台工作区内拖曳出一个矩形，这个矩形区域中的内容将会布满整个舞台工作区。

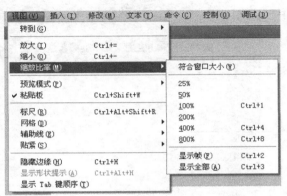

图 1-4 设置舞台工作区的显示比例　　图 1-5 使用"视图"菜单设置舞台工作区的显示比例

屏幕窗口的大小是有限的，有时画面中的内容会超出屏幕窗口可以显示的面积，此时可以使用窗口右边和下边的滚动条，把需要的部分移动到窗口中。选择工具箱中的"手形工具" ✋，拖曳舞台工作区，就可以看到整个舞台工作区随着鼠标的拖曳而移动。

3．舞台工作区的网格、标尺和辅助线

为了使对象准确定位，可在舞台工作区的上边和左边加入标尺，显示网格和辅助线不会随影片输出。

（1）显示网格：选择"视图"→"网格"→"显示网格"选项，会在舞台工作区中显示网格。再选择该选项，可取消网格。

（2）编辑网格：选择"视图"→"网格"→"编辑网格"选项，弹出"网格"对话框，如图 1-6 所示。利用该对话框，可编辑网格的颜色、网格线间距、是否显示网格、移动对象时是否紧贴网格和贴紧网格线的精确度等。加入网格的舞台工作区如图 1-7 所示。

（3）显示标尺：选择"视图"→"标尺"选项，会在舞台工作区上边和左边出现标尺。再次选择该选项，可取消标尺。

（4）显示/清除辅助线：选择"视图"→"辅助线"→"显示辅助线"选项，再选择工具箱中的"选择工具" ▶，从标尺栏向舞台工作区内拖曳，即可产生辅助线，如图 1-8 所示。再次选择该选项，可清除辅助线。拖曳辅助线，可以调整辅助线的位置。选择"视图"→"辅助线"→"清除辅助线"选项，可清除辅助线。

（5）锁定辅助线：选择"视图"→"辅助线"→"锁定辅助线"选项，即可将辅助线锁定，此时再也无法用鼠标拖曳改变辅助线的位置。

（6）编辑辅助线：选择"视图"→"辅助线"→"编辑辅助线"选项，弹出"辅助线"对话框，如图 1-9 所示，在其中可编辑辅助线。

图 1-6　"网格"对话框

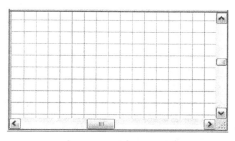

图 1-7　加入网格的舞台工作区

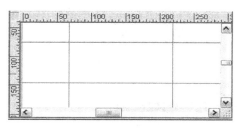

图 1-8　辅助线

图 1-9　"辅助线"对话框

4．对象贴紧

（1）与网格贴紧：如果选中"网格"对话框中的"贴紧至网格"复选框，则以后在绘制、调整和移动对象时，可以自动与网格线对齐，如图 1-10 所示。"网格"对话框内的"贴紧精确度"下拉列表中给出了"必须接近""一般""可以远离""总是贴紧"4 个选项，如图 1-11 所示，表示贴紧网格的程度。

图 1-10　"网格"对话框

图 1-11　贴紧精确度设置

（2）与辅助线贴紧：在舞台工作区创建了辅助线后，如果在"辅助线"对话框中选中"贴紧至辅助线"复选框，则以后在创建、调整和移动对象时，可以自动与辅助线贴紧，如图 1-12 所示。

图 1-12　与辅助线贴紧设置

（3）与对象贴紧：单击主工具栏中或工具箱选项栏（在选择了一些工具后）中的"贴紧至对象"按钮 后，在创建和调整对象时，可自动与附近的对象贴紧。

如果选择"视图"→"贴紧"→"贴紧至像素"选项，如图 1-13 所示，则当视图缩放比例设置为 400%或更高的时候，会出现一个像素网格。它代表将出现单个像素，当创建或移动一个对象时，会被限定到该像素网格内。如果创建的形状边缘处于像素边界内（使用的笔触宽度是小数形式，如 6.5 像素），则贴紧像素边界，而不是贴紧图形的边缘。

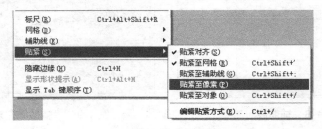

图 1-13　贴紧至像素

1.3　"库"面板

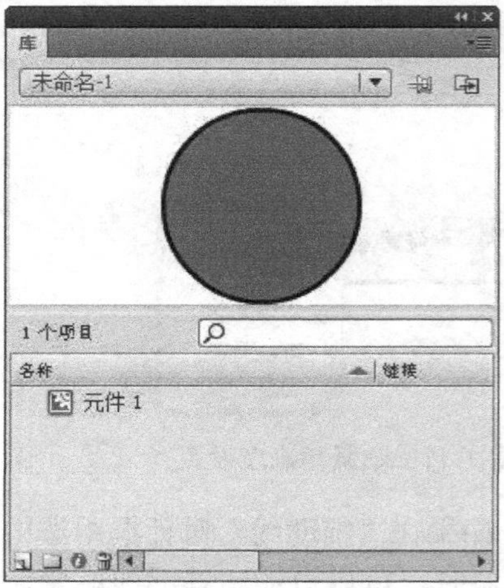

1. "库"面板简介

"库"面板是存储和组织在 Flash 中创建各种元件的地方，如图 1-14 所示，也用于存储和组织导入的文件，包括位图图形、声音文件和视频剪辑。利用"库"面板，可以在文件夹中组织库项目、查看项目在文档中的使用频率，以及按照名称、类型、日期、使用次数或 ActionScript 链接标识符对项目进行排序。还可以使用搜索字段在"库"面板中进行搜索，并设置大多数对象选区的属性。

2. 导入项目到"库"面板中

通常，将直接利用 Flash 的绘图工具创建图形并把其保存为元件，存储在"库"面板中。有时也导入 JPEG 图像或 MP3 声音文件等媒体文件，同样也存储在"库"面板中。

图 1-14　"库"面板

1.4　"时间轴"面板

1. "时间轴"面板的组成

"时间轴"面板用于组织和控制一定时间内图层和帧中的文档内容。与胶片一样，Flash 文档也将时长分为帧。图层就像堆叠在一起的多张幻灯胶片一样，每个图层都包含一个显示在舞台工作区中的不同图像。"时间轴"面板主要由图层、帧和播放头组成。

　文档中的图层列在"时间轴"面板左侧的列中。每个图层中包含的帧显示在该图层名右侧的一行中。"时间轴"面板顶部的时间轴标题指示了帧编号。播放头指示了当前在舞台中显示的帧。播放文档时，播放头从左向右通过时间轴。

　"时间轴"面板底部显示了时间轴状态，指示了所选的帧编号、当前帧速率及到当前帧为止的运行时间。

　注：在播放动画时，将显示实际的帧频；如果计算机不能足够快地计算和显示动画，则该帧频可能与文档的帧频设置不一致。

　"时间轴"面板的组成如图 1-15 所示。

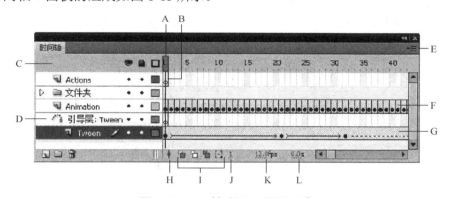

图 1-15　"时间轴"面板的组成

A—播放头；B—空关键帧；C—时间轴标题；D—引导层图标；E—"帧视图"按钮；F—逐帧动画；
G—补间动画；H—"滚动到播放头"按钮；I—"绘图纸"按钮；J—当前帧指示器；K—帧频指示器；L—运行时间指示器

　使用"时间轴"面板图层部分的控件可以隐藏、显示、锁定或解锁图层，并能将图层内容显示为轮廓。用户可以将帧拖曳到同一图层中的不同位置，或者将其拖曳到不同的图层中。

2. 更改"时间轴"面板的帧显示

　要显示"帧视图"弹出菜单，可单击"时间轴"面板右上角的"帧视图"按钮，如图 1-16 所示。

　（1）要更改帧单元格的宽度，可选择"很小""小""标准""中""大"选项。（"大"帧宽度对于查看声音波形的详细情况很有用）。

　要减小帧单元格行的高度，可选择"较短"选项。

图1-16 "帧视图"弹出菜单

3. 播放头基本操作

文档播放时,播放头在时间轴上移动,指示当前显示在舞台工作区中的帧,如图1-17所示。时间轴标题显示了动画的帧编号。要在舞台工作区中显示帧,可将播放头移动到时间轴中该帧所在的位置。

如果正在处理大量的帧,则这些帧无法一次全部显示在"时间轴"面板中,若要显示特定帧,可使播放头沿着时间轴移动;若要转到某帧,可单击该帧在时间轴标题中的位置,或将播放头拖曳到所需的位置;若要使时间轴以当前帧为中心,可单击"时间轴"面板底部的"滚动到播放头"按钮。

图1-17 移动播放头

1.5 工 具 箱

工具箱提供了用于图形绘制和图形编辑的各种工具,如图1-18所示。工具箱中从上到下分为工具栏、查看栏、颜色栏和选项栏。单击某个工具按钮,即可激活相应的操作功能,以后把这一操作称为选择某个工具。将鼠标指针移动到各按钮上,就会显示该按钮的中文名称。

(1)工具栏:用于绘制图形、输入文字、编辑图形及选择对象。

(2)查看栏:用于调整舞台编辑画面的观察位置和显示比例。

(3)颜色栏:用于确定绘制图形的线条和填充的颜色。各工具按钮的名称与作用如下。

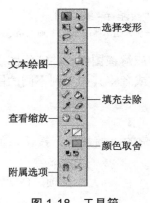

图1-18 工具箱

① ✏ / ✏ (笔触颜色)按钮:用于给线着色。

② ⬙ ▦ （填充颜色）按钮：用于给填充着色。

③ ◨ ◪ （从左到右分别是黑白、交换颜色）按钮：单击"黑白"按钮 ◨，可使笔触颜色和填充色恢复到默认状态（笔触颜色为黑色，填充色为白色）。单击"交换颜色"按钮 ◪，可以使笔触颜色与填充色互换。

（4）选项栏：其中放置了用于对当前激活的工具进行设置的一些属性和功能按钮等。它们是随着用户选用工具的改变而变化的，大多数工具都有自己相应的属性设置。在绘图、输入文字或编辑对象时，通常应先选中绘图或编辑工具，再对其属性和功能进行设置。例如，刷子工具的选项栏如图 1-19（a）所示，橡皮擦工具的选项栏如图 1-19（b）所示。

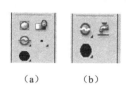

（a）　　　（b）

图 1-19　刷子工具和橡皮擦工具的选项栏

1.6　面板和面板组

几个面板可以组合成一个面板组，单击面板组内的面板标签可以切换面板。

（1）停靠区域：弹出的面板通常会放置在 Flash 舞台工作区的最右侧和最下侧（如"属性"面板等）。停靠有面板和面板组的 Flash 舞台工作区最右侧的区域可简称为停靠区域，如图 1-20 所示。单击停靠区域中右上角的"折叠为图标"按钮 ◀◀，可以收缩所有停靠区域中的面板和面板组，形成由这些面板的图标和名称文字组成的列表，如图 1-21 所示。单击停靠区域中右上角的"展开停靠"按钮 ▶▶，可以将各面板和各面板组展开。单击停靠区域中的图标或面板名称，可以快速弹出相应的面板。例如，单击"变形"按钮 ▦，即可弹出"变形"面板，如图 1-22 所示。

图 1-20　停靠区域　　　图 1-21　列表　　　图 1-22　"变形"面板

（2）调整面板组的位置：拖曳面板组标签栏右侧的空白处，可以将面板组或面板从停靠区域内拖曳到其他位置。例如，将"信息&变形&对齐"面板组拖曳到其他位置，如

图 1-23 所示。

（3）面板组合的调整：拖曳面板的标签（如"信息"标签）到面板组外，可以使该面板独立，如图 1-24 所示。拖曳面板的标签（如"信息"标签）到其他面板组（如"变形&样本"面板组）的标签处，可以将该面板与其他面板组组合在一起。

图 1-23　拖曳面板组

图 1-24　"信息"面板

（4）"属性"面板：该面板是一个特殊面板，选中不同的对象或工具时，会自动弹出相应的"属性"面板，集中了相应的参数设置选项。例如，选择工具箱中的"文本工具" T，再单击舞台工作区，此时的"属性"面板如图 1-25 所示，在其中可设置文字的字体、大小、颜色等。

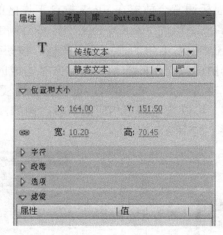

图 1-25　"属性"面板

1.7　主 工 具 栏

主工具栏中有 16 个按钮，如图 1-26 所示。将鼠标指针移动到按钮之上，会显示该按钮的中文名称。

图 1-26　主工具栏

1.8　在 Flash 中撤销执行的操作

选择"编辑"→"撤销"选项，可撤销执行的最后一个操作。可以多次选择"撤销"选项，回退"历史记录"面板中列出的多项操作。可以选择"编辑"→"首选参数"选项，弹出"首选参数"对话框，在其中更改"撤销"操作的最大数量，如图 1-27 所示。

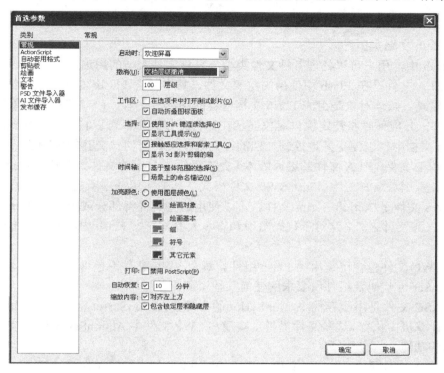

图 1-27　设置"撤销"操作的最大数量

选择"窗口"→"其他面板"→"历史记录"选项，弹出"历史记录"面板，如图 1-28 所示。

图 1-28　"历史记录"面板

将"历史记录"面板的滑块向上拖曳到犯错误之前的那个步骤，则其以下的步骤将会灰显，并将从项目中删除；若要添加某个步骤，则可以向下移动滑块。

提示：如果在"历史记录"面板中删除了一些步骤，又执行了其他操作，那么删除的步骤将不再可用。

1.9 管理文档

1．Flash 文档类型

在 Flash 中，用户可以处理各种文件类型，每种文件类型的用途都不相同。

（1）FLA 文件是在 Flash 中使用的主要文件，其中包含 Flash 文档的基本媒体、时间轴和脚本信息。媒体对象是组成 Flash 文档内容的图形、文本、声音和视频对象。时间轴用于告诉 Flash 应何时将特定媒体对象显示在舞台工作区中。可以将 ActionScript 代码添加到 Flash 文档中，以便更好地控制文档的行为并使文档对用户交互做出响应。

（2）SWF 文件（FLA 文件的编译版本）是在网页中显示的文件。当发布 FLA 文件时，Flash 将创建一个 SWF 文件。Flash SWF 文件格式是其他应用程序所支持的一种开放标准。

（3）AS 文件是 Action Script 文件。可以使用这些文件将部分或全部 Action Script 代码放置在 FLA 文件之外，这对于代码组织和有多人参与开发 Flash 内容的不同部分项目很有帮助。

（4）SWC 文件包含可重用的 Flash 组件。每个 SWC 文件都包含一个已编译的影片剪辑、ActionScript 代码及组件所要求的任何其他资源。

（5）ASC 文件是用于存储 ActionScript 的文件，ActionScript 将在运行 Flash Media Server 的计算机中执行。这些文件提供了实现与 SWF 文件中 ActionScript 结合使用的服务器端逻辑的功能。

（6）JSFL 文件是 JavaScript 文件，可用于向 Flash 创作工具添加新功能。

2．创建新文档

（1）使用菜单创建新文档

① 选择"文件"→"新建"选项，弹出"新建文档"对话框。

② 在"常规"选项卡的"类型"列表框中选择一种类型即可，如图 1-29 所示。

可以通过单击主工具栏中的"新建文件"按钮 ▯ 创建与上一文档类型相同的文档。

（2）从模板创建新文档

① 选择"文件"→"新建"选项，弹出"新建文档"对话框。

② 选择"模板"选项卡，如图 1-30 所示。

③ 从"类别"列表框中选择一种类别，并从"类别项目"列表框中选择一个文档，单击"确定"按钮。可以选择 Flash 自带的标准模板，也可以选择保存的模板。

3．打开现有文档

① 选择"文件"→"打开"选项。

② 弹出"打开"对话框，定位到文件即可，如图 1-31 所示。

4．设置新建文档或现有文档的属性

（1）在文档打开的情况下，选择"修改"→"文档"选项，弹出"文档设置"对话框，如图 1-31 所示。

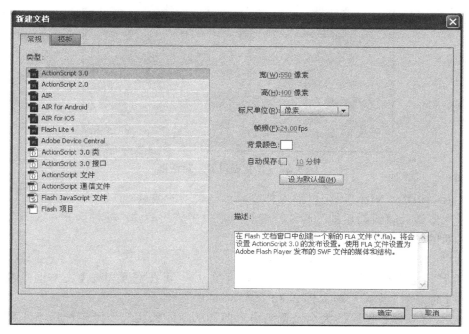

图 1-29　"新建文档"对话框

图 1-30　"模板"选项卡

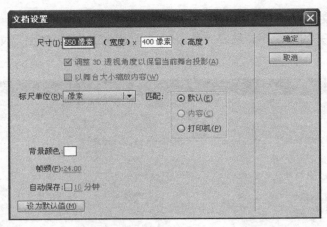

图 1-31 "文档设置"对话框

（2）若要指定"帧频"，则可输入每秒显示动画帧的数量。

对于大多数计算机显示的动画，特别是网站中播放的动画，帧频为 8～15 即可。更改帧频时，新的帧频将变成新文档的默认值。

（3）对于"尺寸"，应注意以下事项。

① 若要指定舞台工作区的大小（以像素为单位），可在宽度和高度文本框中输入值。其最小为 1 像素×1 像素，最大为 2880 像素×2880 像素。

② 若要将舞台工作区的大小设置为内容四周的空间都相等，则应选择"匹配"选项组中的"内容"单选按钮。

③ 若要将舞台工作区的大小设置为最大的可用打印区域，则选中"打印机"单选按钮。

④ 若要将舞台工作区的大小设置为默认大小（550 像素×400 像素），则选中"默认"单选按钮。

（4）若要设置文档的背景颜色，则可单击"背景颜色"右侧的颜色块，并从调色板中选择颜色。

（5）若要将新设置仅用作当前文档的默认属性，则可单击"确定"按钮；若要将这些新设置用作所有新文档的默认属性，则可单击"设为默认值"按钮。

5. 使用"属性"面板更改文档属性

① 取消选择所有的资源，选择工具箱中的"选择工具"。

② 在"属性"面板中，单击 Size 属性右侧的"编辑"按钮 🔧 以弹出"文档属性"对话框。

③ 若要选择背景颜色，则应单击"舞台"右侧的"背景颜色"颜色块，并从调色板中选择颜色。

④ 对于"帧频"，可输入每秒播放的动画帧的数量。

6. 保存 Flash 文档

可以用当前的名称和位置或其他名称或位置保存 Flash 文档。

如果文档包含未保存的更改，则文档标题栏、应用程序标题栏和文档选项卡中的文档名称后会出现一个星号(*)，如 未命名-1* ⊠，保存文档后星号即会消失。

（1）以默认的 FLA 格式保存 Flash 文档。

① 若要覆盖磁盘中的当前版本，可选择"文件"→"保存"选项。

若要将文档保存到不同的位置和/或用不同的名称保存文档，或者需要压缩文档，可选择"文件"→"另存为"命令。

② 如果选择"另存为"选项，或者以前从未保存过该文档，则应输入文件名并选择保存位置。

③ 单击"保存"按钮。

（2）以未压缩的 XFL 格式保存文档。

① 选择"文件"→"另存为"选项。

② 在"另存为类型"下拉列表中选择"Flash CS6 未压缩文档(*xfl)"选项。

③ 为文件选择名称和位置，并单击"保存"按钮。

若要还原到上次保存的文档版本，则选择"文件"→"还原"选项。

（3）将文档另存为模板。

① 选择"文件"→"另存为模板"选项，弹出"另存为模板警告"对话框，如图 1-32 所示。

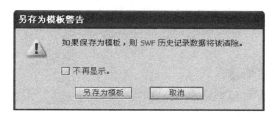

图 1-32　"另存为模板警告"对话框

② 单击"另存为模板"按钮，弹出"另存为模板"对话框，在"名称"文本框中输入模板的名称，如图 1-33 所示。

图 1-33　"另存为模板"对话框

③ 在"类别"下拉列表中选择一种类别或输入一个名称，以便创建新类别。

④ 在"描述"文本框中输入模板说明（最多 255 个字符），单击"确定"按钮。在"新建文档"对话框中选择该模板时，会显示此说明。

（4）将文档另存为 Flash CS4 文档。

① 选择"文件"→"另存为"选项。

② 输入文件名并选择保存位置。

③ 在"格式"下拉列表中选择"Flash CS4 文档"选项，并单击"保存"按钮。

提示：如果弹出一条警告消息，指示保存为 Flash CS4 格式时将删除内容，可单击"另存为 Flash CS4"按钮以继续操作。如果文档包含的功能仅在 Flash CS6 中适用，则可能发生此情况。如果以 Flash CS4 格式保存文档，则 Flash 不会保留这些功能。

7．Flash 模板

（1）关于模板。

Flash 模板为常见项目提供了方便的起点。"新建文档"对话框中提供了每个模板的预览和说明。这些模板分为以下 6 类。

① 广告：包括在线广告中使用的常见舞台工作区大小。

② 动画：提供了许多常见类型的动画，包含动作、加亮显示、发光和缓动。

③ 横幅：包括网站界面中常用的尺寸和功能。

④ 媒体播放：包括若干个视频尺寸和高宽比的照片相册。

⑤ 演示文稿：包括简单的和复杂的演示文稿样式。

⑥ 范例文件：提供了 Flash 中常用功能的范例。

（2）使用模板。

① 选择"文件"→"新建"选项。

② 弹出"新建文档"对话框，选择"模板"选项卡。

③ 选择模板，单击"确定"按钮。

④ 将内容添加到打开的 FLA 文件中。

⑤ 保存并发布文件。

1.10　预览影片

在设计动画时，经常需要预览动画，以确保实现了想要的效果。要快速查看动画或影片，可以选择"控制"→"测试影片"→"在 Flash Professional 中"选项，如图 1-34 所示。也可以按组合键 Ctrl+Enter 预览影片。

图 1-34　测试影片

1.11　发布影片

默认情况下，进行"发布"操作可以创建 SWF 格式的文件，也可以将 Flash 影片插入 HTML 文档，还可以创建 GIF、JPEG、PNG 和 QuickTime 等格式的文件。用户可以根据需要选择发布格式并设置相关的发布参数。

在发布 Flash 文档前，应根据需要先确定发布的文件格式并设置相关的发布参数，再进行发布操作。

选择"文件"→"发布设置"命令，弹出"发布设置"对话框，如图 1-35 所示。

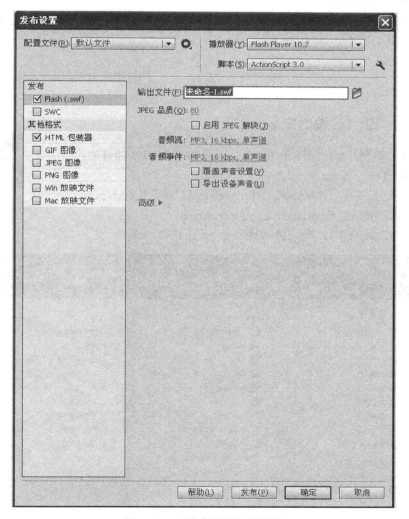

图 1-35　"发布设置"对话框

（1）设置 Flash 发布格式。

Flash（.swf）格式是 Flash CS6 默认的发布格式。在"发布设置"对话框中，选中"Flash（.swf）"复选框，即可将文件发布为 Flash（.swf）格式。

（2）设置 HTML 发布格式。

在默认情况下，HTML 文件格式是随 Flash 文件格式一同发布的。这是由于在网页浏览器中，播放 Flash 影片需要一个能够激活该影片并指定浏览器设置的 HTML 文档。在"发布设置"对话框中，选中"HTML 包装器"复选框，即可将文件发布为 HTML 格式。

（3）设置 GIF 发布格式。

目前网页中大部分的动态图标是 GIF 格式的，它是由连续的 GIF 图形文件组成的动画，常用于保存供网页使用的简单绘画和简单动画。标准 GIF 文件是一种简单的压缩位图。在"发布设置"对话框中，选中"GIF 图像"复选框，即可进行 GIF 格式文件的发布设置。

（4）设置其他发布格式。

在"发布设置"对话框中，除了以上几种发布格式外，还可以设置 JPEG 图像、PNG 图像、Win 放映文件和 Mac 放映文件。

1.12　实　　训

1.12.1　实训 1：我的家乡

（1）将本书素材中的"第 1 章 Flash CS6 基本界面和文档管理"文件夹复制到自己计算机的"我的文档"中。

图 1-36　快捷方式图标

（2）从桌面上双击"Adobe Flash Professional CS6"快捷方式图标，如图 1-36 所示，启动 Adobe Flash Professional。

第一次打开 Flash 时，进入的界面一般如图 1-37 所示。

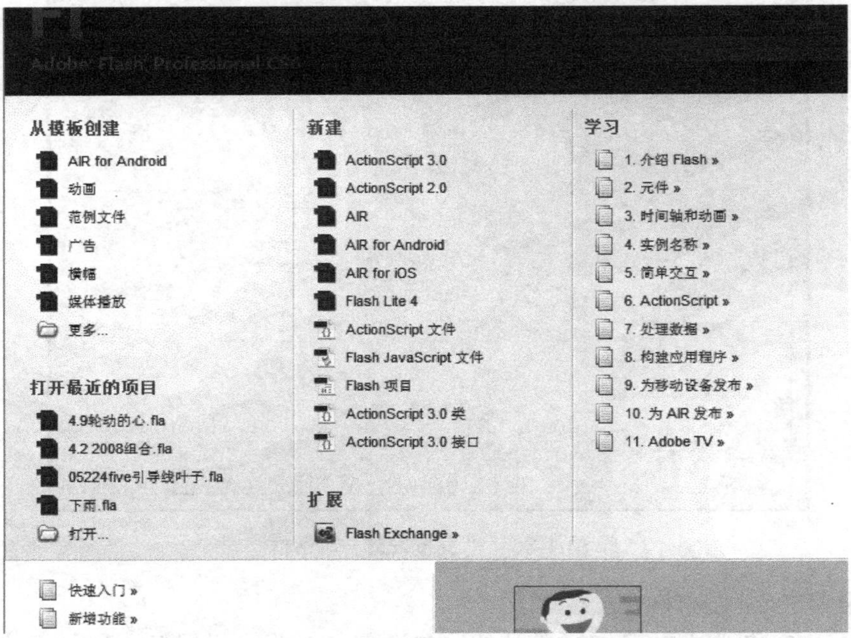

图 1-37　第一次打开 Flash 时进入的界面

提示：

① 根据软件安装目录的不同，打开 Flash 软件时的"开始"菜单可能不同。

② 双击 Flash 文件同样可以打开 Flash，但高版本的 Flash 文件在低版本的 Flash 软件中是无法打开的，并会弹出提示信息，如图 1-38 所示。

图 1-38　提示信息

（3）选择"文件"→"新建"选项，弹出"新建文档"对话框，选择"ActionScript 3.0"选项，单击"确定"按钮，如图 1-39 所示。

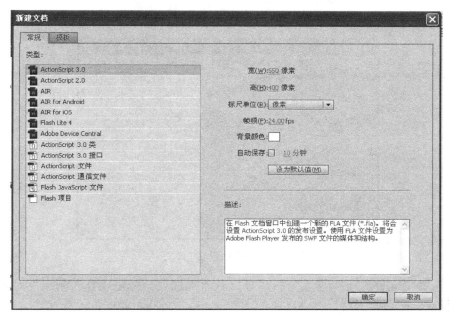

图 1-39　"新建文档"对话框

（4）选择"文件"→"保存"选项，弹出"另存为"对话框，设置保存在"我的文档"/"第 1 章 Flash CS6 基本界面和文档管理"/"素材"文件夹中，设置文件名为"我的家乡.fla"，单击"保存"按钮即可。

（5）立即保存文件是一种良好的工作习惯，可以确保当应用程序无法响应或计算机死机时所做的操作不会丢失。

（6）在"属性"面板中，当前舞台工作区的尺寸默认为 550 像素×400 像素。单击"编辑文档属性"按钮，如图 1-40 所示。

（7）弹出"文档设置"对话框，设置尺寸宽度为 800 像素，高度为 600 像素，如图 1-41 所示。如果需要，也可以设置背景颜色、标尺单位等相关内容。

图 1-40 "编辑文档属性"按钮

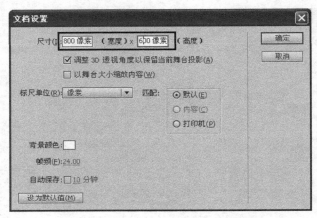

图 1-41 "文档设置"对话框

（8）选择"文件"→"导入"→"导入到库"选项，弹出"导入到库"对话框，如图 1-42 所示，选择"素材"文件夹中的"背景.jpg"文件，并单击"打开"按钮。

图 1-42 "导入到库"对话框

（9）Flash 将导入所选的 JPEG 图像，并把它存放在"库"面板中。

（10）继续分别导入"素材"文件夹中的"酒乡.jpg""桥乡.jpg""水乡.jpg""名士之乡.jpg"等图像。

提示：可以按住 Ctrl 键选择多个文件，将其同时导入到"库"面板中。

（11）"库"面板将显示所有导入的 JPEG 图像，及其文件名和缩略图预览，如图 1-43 所示。此后即可在 Flash 文档中使用这些图像。

图 1-43　"库"面板

要使用"库"面板中的素材文件，只需要将其拖曳到舞台工作区中即可。

（12）在"库"面板中选择"背景.jpg"文件，把"背景.jpg"文件拖曳到舞台工作区中，如图 1-44 所示。

图 1-44　把图片拖曳到舞台工作区中

（13）修改图片的大小和位置。设置其"宽"为 800 像素，"高"为 600 像素，"X"为 0，"Y"为 0，如图 1-45 所示。

图 1-45　设置图片的大小和位置

提示：如图 1-46 所示，当"将宽度值和高度值锁定在一起"按钮为 🔗 时，表示修改图片尺寸时高度和宽度同时等比例变化；当其为 🔗 时，表示图片高度和宽度尺寸互不影响，可以单独修改宽度或高度，单一修改高度或宽度可能会引起图片比例失调而导致图片变形。

图 1-46　"将宽度值和高度值锁定在一起"按钮

如果舞台工作区中的内容比较多，为了便于内容的编辑和管理，合理的做法是将内容分别放在不同的图层中。

（14）在"时间轴"面板中选择现有的图层，如图 1-47 所示。

图 1-47　选择图层

提示：如果"时间轴"面板没有显示出来，可选择"窗口"→"时间轴"选项（组合键为 Ctrl+Alt+T）。如果"时间轴"面板是悬停在屏幕上的，如图 1-48 所示，则可以用鼠标拖曳"时间轴"面板的标题栏到指定的位置，当出现一条天蓝色的细线时，如图 1-49 所示，松开鼠标左键即可。

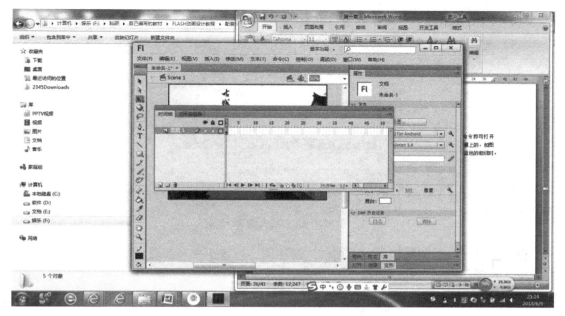

图 1-48 悬停的"时间轴"面板

图 1-49 拖曳"时间轴"面板的标题栏到指定位置

（15）双击图层的名称，将其重命名为"背景"，如图 1-50 所示。

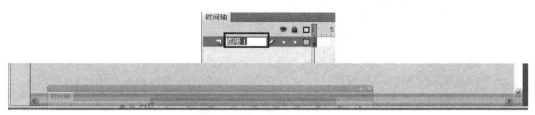

图 1-50 重命名图层

（16）在名称文本框外单击，应用新名称，如图 1-51 所示。

图 1-51 重命名后的图层

（17）单击锁形图标下面的圆点以锁定图层，如图 1-52 所示。被锁定图层所在舞台工作区中的内容是不能修改的。

图 1-52 锁定图层

（18）在"时间轴"面板中选择"背景"图层。

（19）选择"插入"→"时间轴"→"图层"选项，如图1-53所示。

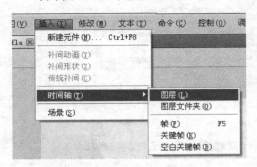

图1-53　插入图层

也可以单击"时间轴"面板下面的"新建图层"按钮📄，如图1-54所示。新图层将出现在"背景"图层上面，如图1-55所示。

图1-54　"新建图层"按钮

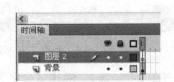

图1-55　添加图层后的效果

（20）将新建的图层重命名为"水乡"。

（21）选择"插入"→"时间轴"→"图层"选项或者单击"时间轴"面板下面的"新建图层"按钮📄，添加第3个图层。将第3个图层重命名为"桥乡"，如图1-56所示。

图1-56　3个图层的效果

（22）以同样的方法，分别新建"酒乡""名士之乡"两个图层，此时"时间轴"面板如图1-57所示。

图1-57　添加图层后的效果

要使几张图片依次出现在舞台工作区中，需在"时间轴"面板中创建更多的帧。

（23）在"背景"图层中选择第 200 帧，如图 1-58 所示。

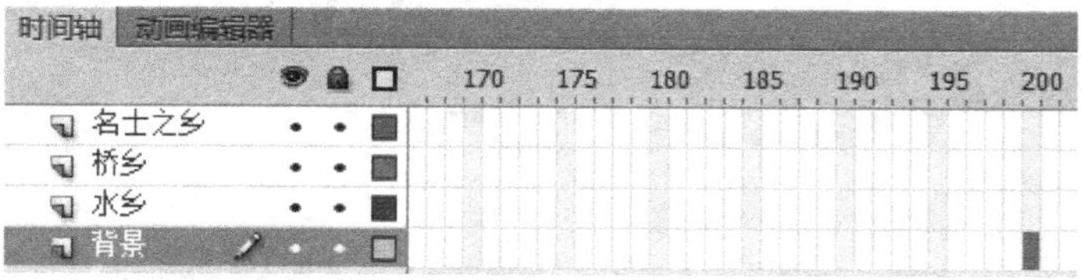

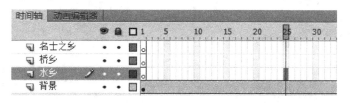

图 1-58　选择帧

（24）选择"插入"→"时间轴"→"帧"选项（按 F5 键），或右击，在弹出的快捷菜单中选择"插入帧"选项，Flash 将在"背景"图层中添加帧，直到所选的位置（第 200 帧），如图 1-59 所示。

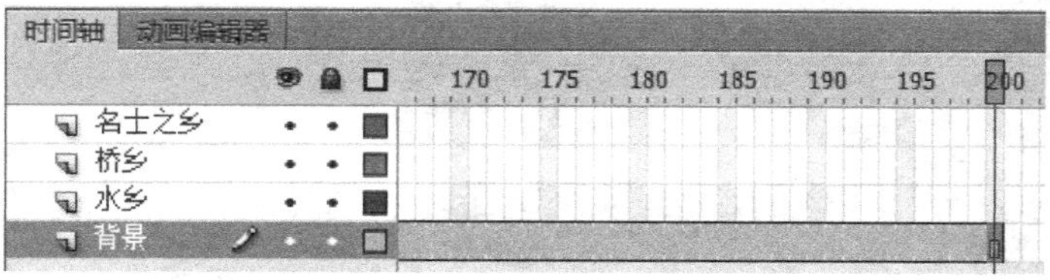

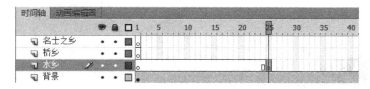

图 1-59　插入帧

（25）在"水乡"图层选择第 25 帧，如图 1-60 所示，选择"插入"→"时间轴"→"关键帧"选项（按 F6 键），在此处插入一个关键帧，如图 1-61 所示，在图层关键帧的舞台工作区中可以对对象进行操作。

图 1-60　选择第 25 帧

图 1-61　插入关键帧

（26）将"库"面板中的"水乡.jpg"拖曳到舞台工作区中的任意位置，如图 1-62 所示。选择工具栏中的"任意变形工具" ，对"水乡.jpg"进行缩放或旋转，最终将其放在舞台工作区的左下角，图片大小为 330 像素×220 像素，效果如图 1-63 所示。选择工具栏中的"文本工具" T ，在"水乡.jpg"中输入文字"水乡.jpg"，在"属性"面板中设置字号为 100 点，文字颜色可以设置为自己喜欢的颜色，如图 1-64 所示。在"水乡"图层的第 200 帧插入帧，"时间轴"面板的效果如图 1-65 所示。

图 1-62　为关键帧添加图片

图 1-63　效果

图 1-64　添加文本

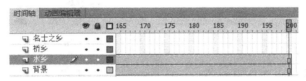

图 1-65　"时间轴"面板的效果

（27）参考步骤（26），以用同样的方法在"桥乡"图层的第 50 帧添加"桥乡"图片及"桥乡"文字；在"酒乡"图层的第 75 帧添加"酒乡"图片及"酒乡"文字；在"名士之乡"图层的第 100 帧添加"名士之乡"图片及"名士之乡"文字，最终效果如图 1-66所示。其中，图片的大小、位置和文字的大小、颜色、位置可以根据自身喜好设置。

图 1-66　最终效果

为了使文字好看一些，可以为文字增加一些滤镜效果。

（28）选中舞台工作区中的文字，在"属性"面板中，单击"滤镜"标签，单击"添加滤镜"按钮 ，在弹出的下拉列表中选择"投影"选项，如图 1-67 所示，进行投影的相关设置，如图 1-68 所示。

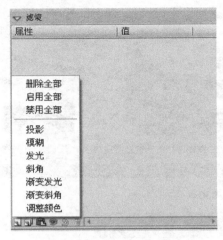
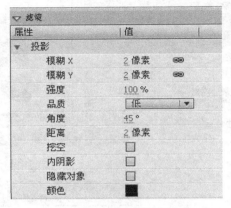

图 1-67　添加滤镜效果　　　　　　　　图 1-68　投影相关设置

文字添加投影前后效果有明显变化，如图 1-69 和图 1-70 所示。

图 1-69　添加投影前　　　　　　　　图 1-70　添加投影后

（29）至此，一个简单的 Flash 动画已经制作完成。选择"控制"→"测试影片"→"测试"选项，如图 1-71 所示，即可预览该动画，也可按 Ctrl+Enter 组合键进行预览。

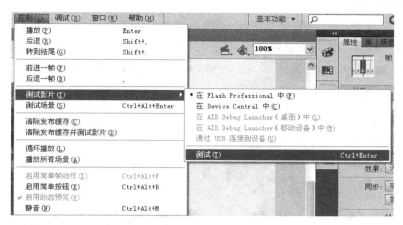

图 1-71　测试影片

1.12.2　实训 2：晓风残月

（1）新建 Flash 文档，选择"修改"→"文档"选项，弹出"文档设置"对话框，将文档尺寸设置为 500 像素×300 像素，如图 1-72 所示。

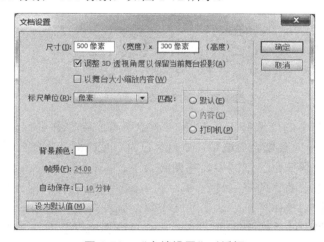

图 1-72　"文档设置"对话框

（2）选择工具箱中的"文本工具" T，在"属性"面板中将字体设置为"微软雅黑"，并设置合适的大小和颜色，在舞台工作区中输入文字"晓风残月"，选择工具箱中的"选择工具"将文字拖曳到舞台工作区的中央，选择工具箱中的"任意变形工具" 调整字体的大小。

（3）选中文字，选择"修改"→"分离"选项（组合键为 Ctrl+B），连续进行两次操作，将文字打散为矢量图，如图 1-73 所示。

晓风残月

图 1-73　打散文字

（4）选择工具箱中的"墨水瓶工具" ，在"属性"面板中，将笔触颜色设置为蓝色，笔触为 6，选择样式为"点状线"，如图 1-74 所示。回到舞台工作区，使用设置好的"墨水瓶工具"选中舞台工作区中的文字，得到如图 1-75 所示的效果。

图 1-74　设置笔触相关参数　　　　图 1-75　添加笔触后的效果

（5）选择工具箱中的"选择工具" ，选中文字的填充部分，按 Delete 键将其删除，得到如图 1-76 所示的效果。

图 1-76　删除填充色后的效果

（6）选择工具箱中的"选择工具" ，选中所有文字，并进行剪切操作，选择"文件"→"导入"→"导入到舞台"选项，弹出"导入"对话框，选择合适的图片，单击"打开"按钮，将其导入到舞台工作区中，并调整大小。

（7）选择工具箱中的"选择工具" ，选中该图片，选择"修改"→"分离"选项，将图片打散；进行粘贴操作将刚才剪切的文字复制到舞台工作区中。

（8）选择工具箱中的"选择工具" ，选中文字外部的图片，按 Delete 键将其删除，得到最终效果，如图 1-77 所示。

（9）保存并测试动画。

图 1-77　最终效果

1.13　练　习

请参考 1.12 节的实训，制作一个关于"我的学校"的简单动画。

第2章 图形的绘制与编辑

✅ 本章学习任务

　　工具箱中的绘图工具是制作 Flash 动画时最常用的工具，制作 Flash 动画要先从绘图开始，这也是进行动画设计的基础。

　　本章通过对绘图案例的介绍，使学生掌握 Flash CS6 图形绘制功能和图形编辑技巧，以及多种图形选择方法和图形色彩设置技巧。

- ➢ 基本线条与图形的绘制
- ➢ 图形的绘制与选择
- ➢ 图形的编辑
- ➢ 图形的色彩设置

　　在计算机绘图领域中，根据成图原理和绘制方法的不同，图像分为矢量图和位图两种。

　　矢量图是由一个个单独点构成的，每一个点都有其属性，如位置、颜色等。矢量图的清晰度与分辨率的大小无关，对矢量图进行缩放时，图形对象仍保持原有的清晰度和光滑度，不会发生任何偏差。例如，矢量图原图如图 2-1 所示，放大 8 倍后的矢量图如图 2-2 所示。

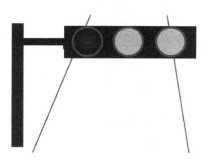
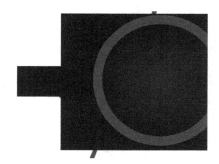

图 2-1　矢量图（原图）　　　　图 2-2　矢量图（放大 8 倍后）

　　位图是由像素构成的，像素的多少将决定位图的显示质量和文件大小，位图的分辨率越高，其显示越清晰，文件所占的空间也就越大。因此，位图的清晰度与分辨率有关。对位图进行放大时，放大的只是像素点，图像的四周会出现锯齿。例如，位图原图如图 2-3 所示，放大 5 倍后的位图如图 2-4 所示。

　　在 Flash 动画制作过程中，会大量地运用到矢量图。虽然有一些功能强大的矢量图绘制软件，如 Corel 公司的 CorelDRAW 软件、Macromedia 公司的 Freehand 软件和 Adobe 公司的 Illustrator 软件等，但是运用 Flash 自身的矢量绘图功能将会更方便、更快捷。通过对 Flash 基本绘图工具的学习，也可绘制出一些简单的矢量图。另外，Flash 也具备一定的位图处理能力，虽然比不上专业的位图处理软件，但是可以在制作动画过程中对位图做一些简单处理。

图 2-3　位图（原图）　　　　　　　图 2-4　位图（放大 5 倍后）

2.1　工具箱中的工具

首先，认识一下工具箱，如图 2-5 所示。

其中，A 区有 4 个工具，主要用于选择对象或选择某一区域；B 区有 6 个工具，主要用于绘图；C 区有 4 个工具，主要用于填充；D 区有 2 个工具，主要用于查看编辑区；E 区有 2 个工具和 3 个按钮，主要用于填充颜色的选择；F 区是附加区，选择不同的工具时，在此处显示不同的附加工具。

各工具名称如图 2-6 所示。

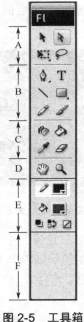

图 2-5　工具箱

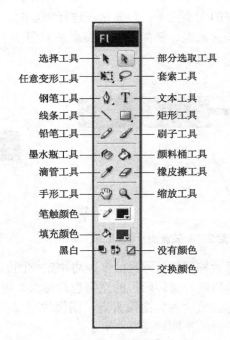

选择工具　　　　部分选取工具
任意变形工具　　套索工具
钢笔工具　　　　文本工具
线条工具　　　　矩形工具
铅笔工具　　　　刷子工具
墨水瓶工具　　　颜料桶工具
滴管工具　　　　橡皮擦工具
手形工具　　　　缩放工具
笔触颜色
填充颜色
黑白　　　　　　没有颜色
　　　　　　　　交换颜色

图 2-6　工具名称

2.2　选 择 工 具

"选择工具"的功能是选择各种对象。例如，在舞台工作区中绘制一条直线，如果需要更改线条的方向和长短，就可以使用选择工具  来实现。

"选择工具"的作用是选择对象、移动对象、改变线条或对象轮廓的形状。选择工具箱中的"选择工具"，然后移动鼠标指针到直线的端点处，指针右下角变成直角状，如图 2-7 所示，此时拖曳鼠标即可改变线条的方向和长短。

图 2-7　指针变成直角状

如果要改变线条方向和长短的鼠标形状，可将鼠标指针移动到线条上，指针右下角会变成弧线状，如图 2-8 所示，拖曳鼠标即可将直线变成曲线。这是一个很有用的功能，它可以画出各种曲线。

图 2-8　指针变成弧线状

2.3　线 条 工 具

"线条工具"是 Flash 中最简单的工具。选择工具箱中的"线条工具"，移动鼠标指针到舞台工作区中，按住鼠标并拖曳，松开鼠标左键，绘制出即可一条直线。

线条工具主要用于绘制直线和斜线。线条涉及颜色、粗细、样式、位置等的设置。若按住 Shift 键不放，使用"线条工具"在编辑区可绘制出水平、垂直或以 45°变化的直线。

使用"线条工具"能绘制出许多风格各异的线条。在"属性"面板中，可以定义直线的颜色、粗细和样式，如图 2-9 所示。

在"属性"面板中，单击"笔触颜色"按钮，会弹出一个调色板，如图 2-10 所示，此时鼠标指针变成滴管状。可用滴管直接拾取颜色或者在文本框中输入颜色的十六进制数值，十六进制数值以#开头，如#99FF33。

图 2-9　设置直线的属性

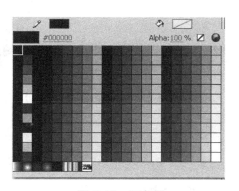

图 2-10　调色板

现在来绘制不同的直线。在"属性"面板中，单击"编辑笔触样式"按钮，弹出"笔触样式"对话框，如图 2-11 所示。

图 2-11 "笔触样式"对话框

为了方便观察，可将"粗细"设置为 3 点，在"类型"下拉列表中选择不同的线型和颜色，设置完成后单击"确定"按钮，查看设置不同笔触样式后绘制出的线条，如图 2-12 所示。尝试改变线条的各项参数，这对绘图能力的提高会有很大帮助。

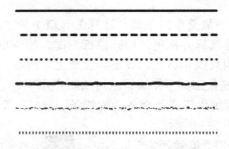

图 2-12 各种笔触样式的线条

2.3.1 案例 1：使用线条工具绘制糖葫芦

要绘制的糖葫芦效果如图 2-13 所示。

图 2-13 绘制糖葫芦的效果

（1）打开 Flash 软件，新建一个 Flash 文件。

（2）选择工具箱中的"线条工具"，在"属性"面板中设置笔触颜色为红色，其余相关设置如图 2-14 所示。

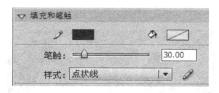

图 2-14　设置笔触

（3）在舞台工作区中的适当位置绘制一条直线，如图 2-15 所示。

图 2-15　直线的效果

（4）新建"图层 2"，调整图层顺序，使得"图层 1"在"图层 2"的上方。

（5）选择"图层 2"，重新选择工具箱中的"线条工具"，在"属性"面板中，设置笔触颜色为"#CC6600"，其余相关设置如图 2-16 所示。

图 2-16　设置笔触的属性

（6）在适当的位置绘制一条直线，最终效果如图 2-17 所示。

图 2-17　最终效果

2.3.2　案例 2：用线条工具绘制 M 形状

要绘制的 M 形状的效果如图 2-18 所示。

图 2-18　M 形状的效果

（1）新建一个文件。

（2）将舞台工作区的背景色设置为红色。

（3）选择工具箱中的"线条工具"，设置笔触颜色为黄色，笔触大小为 60，在舞台工作区的适当位置绘制一条水平直线，如图 2-19 所示。

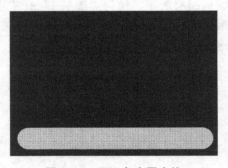

图 2-19　画一条水平直线

（4）使用工具箱中的"选择工具"，在舞台工作区的空白位置单击，以确保没有选中刚刚绘制的黄色水平直线。

将鼠标指针移动到直线中点处，鼠标指针形状如图 2-20 所示。

图 2-20　改变鼠标指针的形状

（5）按住鼠标左键拖曳，在适当位置松开鼠标左键，改变线条形状，如图 2-21 所示。

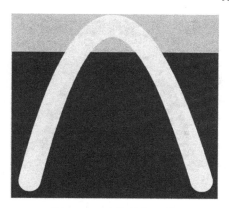

图 2-21　改变线条形状

（6）在空白处单击，以确保没有选中刚刚绘制的黄色线条。将鼠标指针移动到如图 2-22 所示位置。

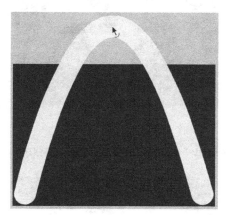

图 2-22　改变鼠标指针的位置

（7）按住 Ctrl 键的同时，向下拖曳鼠标，复制形状，如图 2-23 所示。

图 2-23　复制形状

（8）将鼠标指针移动到如图 2-24 所示位置，编辑形状。

图 2-24　编辑形状

（9）向上拖曳鼠标指针到适当的位置，拉长形状，如图 2-25 所示。

图 2-25　拉长形状

（10）将鼠标指针移动到如图 2-26 所示位置，调整形状。

图 2-26　调整形状

（11）向上拖曳鼠标指针到适当的位置，再次调整形状，如图 2-27 所示。

图 2-27　再次调整形状

（12）将鼠标指针移动到如图 2-28 所示位置，微调形状。

图 2-28　微调形状

（13）向右适当拖曳，得到如图 2-29 所示效果。

图 2-29　左半边形状的效果

（14）将鼠标指针移动到如图 2-30 所示的位置，调整右半边的形状。

图 2-30　调整右半边的形状

（15）向左拖曳鼠标至适当的位置，得到如图 2-31 所示效果。

图 2-31　右半边形状的效果

（16）选择工具箱中的"选择工具"，选中线条的底部，如图 2-32 所示。

图 2-32　选中底部

（17）按 Delete 键，删除选中的部分，如图 2-33 所示。

图 2-33　删除底部

（18）选择工具箱中的"选择工具"，选中线条中间的底部，如图 2-34 所示。

图 2-34　选中线条中间的底部

（19）按 Delete 键，删除选中的部分，如图 2-35 所示。

图 2-35　删除选中的部分

（20）选择工具箱中的"选择工具"，双击黄色线条以选中整个线条。

（21）选择"修改"→"形状"→"将线条转换为填充"选项。

（22）将鼠标指针移动到如图 2-36 所示位置，改变形状。

图 2-36　改变形状

（23）拖曳鼠标并调整黄色线条的粗细，最终效果如图 2-37 所示。

图 2-37　最终效果

2.4　矩　形　工　具

将鼠标指针移动到"矩形工具"上，按住鼠标左键不放，弹出工具的下拉列表，其中显示了矩形工具的种类，如图 2-38 所示，松开鼠标左键，将鼠标指针移动到相应的工具上，单击即可选中相应的工具。

绘制过程：选择相应工具后，将鼠标指针移动到编辑区中，按住鼠标左键不放并移动鼠标，可绘制相应的图形。若按住 Shift 键不放，则可以绘制出相应图形的正规图形。

图 2-38　矩形工具种类

2.4.1　案例 1：使用矩形工具绘制梯形

下面将绘制一个等腰梯形，由于它是对称的，因此用到了网格线。

（1）新建一个 Flash 文件。

（2）选择"视图"→"网格"→"显示网格"选项（组合键 Ctrl+'），显示网格后，舞台工作区如图 2-39 所示。

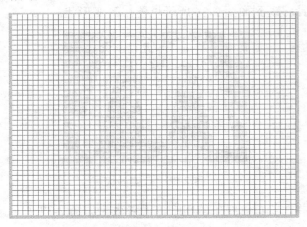

图 2-39　显示网格的舞台工作区

（3）此时的网格线有些密集，可以进行编辑。

（4）选择"视图"→"网格"→"编辑网格"选项（组合键 Ctrl+Alt+G），弹出"网格"对话框，如图 2-40 所示，在其中可进行网格线的相关设置。

图 2-40　"网格"对话框

（5）按图 2-40 设置网格线，此时的舞台工作区如图 2-41 所示。

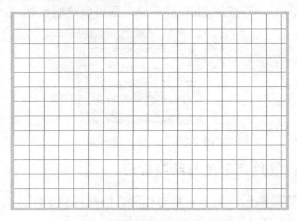

图 2-41　编辑网格后的舞台工作区

（6）选择工具箱中的"矩形工具"，在舞台工作区中绘制如图 2-42 所示的无边框的红色矩形。

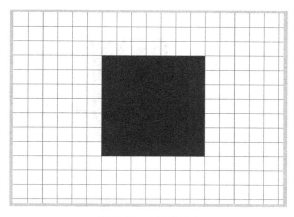

图 2-42　绘制矩形

（7）选择工具箱中的"选择工具"，将鼠标指针移动到如图 2-43 所示位置。

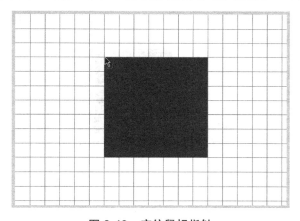

图 2-43　定位鼠标指针

（8）向右拖曳鼠标至如图 2-44 所示位置，改变矩形左侧形状。

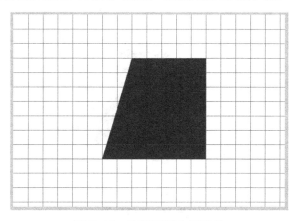

图 2-44　改变矩形左侧形状

（9）选择工具箱中的"选择工具"，将鼠标指针移动到如图 2-45 所示位置。

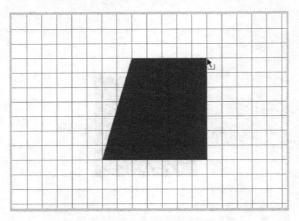

图 2-45　再次定位鼠标指针

（10）向左拖曳鼠标至如图 2-46 所示位置，改变矩形右侧形状。

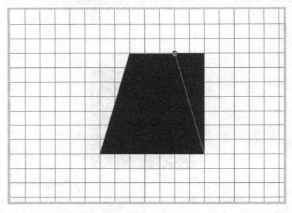

图 2-46　改变矩形右侧形状

最终效果如图 2-47 所示。

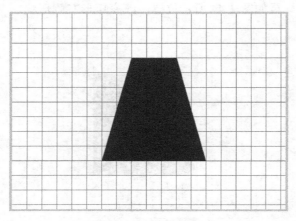

图 2-47　最终效果

2.4.2　案例 2：使用矩形工具绘制邮票

邮票效果如图 2-48 所示。

图 2-48　绘制的邮票效果

（1）打开 Flash 软件，新建一个文件，设置舞台工作区的背景色为黑色，属性的相关设置如图 2-49 所示，将文件保存为"邮票.fla"。

图 2-49　设置背景的属性

（2）重命名"时间轴"面板中的"图层 1"为"白底"，如图 2-50 所示。

图 2-50　重命名图层

（3）选择工具箱中的"矩形工具"，设置"笔触颜色"为无，"填充颜色"为白色，在舞台工作区中绘制一个矩形。

（4）选择工具箱中的"选择工具"，单击白色矩形以便选中矩形，在"属性"面板中设置"宽"为 430 像素，"高"为 258 像素。

提示：如果在修改"宽"时"高"也随之变化，则可单击 按钮，使其变为 ，这样设置后，"宽""高"的设置就不会相互影响和制约了。

（5）在"对齐"面板中，设置水平居中对齐、垂直居中对齐，其余设置如图 2-51 所示。

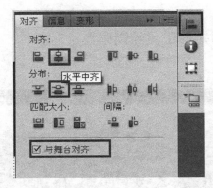

图 2-51　设置对齐方式

如果"对齐"面板没有显示出来，则可以选择"窗口"→"对齐"选项。
此时，舞台工作区的效果如图 2-52 所示。

图 2-52　舞台工作区的效果

（6）锁定"白底"图层，以免以后的操作会修改其舞台工作区中的内容。新建图层，
将图层重命名为"锯齿边"，此时的"时间轴"面板如图 2-53 所示。

图 2-53　"时间轴"面板

（7）选中新建的图层，选择工具箱中的"矩形工具"，在"属性"面板中，设置"笔
触颜色"为黑色，"填充颜色"为无，笔触大小为 11，"样式"为"点状线"，如图 2-54
所示。

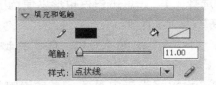

图 2-54　设置笔触的属性

（8）在舞台工作区中任意绘制一个矩形，如图 2-55 所示。
（9）选中该矩形，在"属性"面板中设置"宽"为 430 像素，"高"为 258 像素。

图 2-55　绘制矩形

（10）在"对齐"面板中，设置矩形相对于舞台工作区水平居中、垂直居中，如图 2-56 所示。

图 2-56　设置对齐方式后的效果

（11）在"锯齿边"图层上方新建一个图层，将其重命名为"山"，此时的"时间轴"面板如图 2-57 所示。

图 2-57　"时间轴"面板

（12）选择"文件"→"导入"→"导入到库"选项，弹出"导入到库"对话框，如图 2-58 所示。将"素材"文件夹中的"山.jpg"导入到"库"面板中。

图 2-58　导入图片

此时的"库"面板如图 2-59 所示。

图 2-59　"库"面板

（13）选择"山"图层，拖曳"山.jpg"到舞台工作区中的任意位置，如图 2-60 所示。

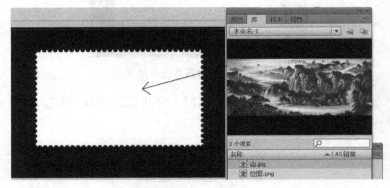

图 2-60　添加图片

（14）使用同样的方法，设置舞台工作区中的图片相对于舞台工作区水平居中、垂直居中，效果如图 2-61 所示。

图 2-61　添加图片后的效果

（15）在"山"图层上方新建一个图层，将其重命名为"文字"，如图 2-62 所示，锁定"文字"图层下方的 3 个图层。

图 2-62　添加"文字"图层

（16）选择工具箱中的"文本工具"，在舞台工作区的任意位置单击，输入文字"8 分"和"中国邮政"，调整其大小、颜色和位置。

至此，邮票制作完成。

2.4.3　案例 3：使用矩形工具绘制铅笔

打开"效果"/"矩形工具-铅笔.fla"文件，如图 2-63 所示。

图 2-63　铅笔效果

（1）新建一个 Flash 文件。

（2）将文件保存为"铅笔.fla"。

（3）选择工具箱中的"矩形工具"，在舞台工作区中绘制一个无笔触颜色、任意填充颜色的矩形。

（4）选择工具箱中的"选择工具"，选中矩形。

（5）在"属性"面板中，设置"宽"为 20 像素，"高"为 260 像素。

（6）在舞台工作区空白处单击以便取消对矩形的选中。选择工具箱中的"选择工具"，将鼠标指针移动到如图 2-64 所示矩形下方的中点处，使鼠标指针变成↖。

图 2-64　绘制矩形并定位鼠标指针

（7）按住 Ctrl 键，向下拖曳鼠标到适当位置，改变笔尖的形状，如图 2-65 所示。

图 2-65　改变笔尖的形状

（8）选择工具箱中的"选择工具"，选中整支铅笔。

（9）在"颜色"面板中，选择填充颜色的颜色类型为"线性渐变"，其余设置如图 2-66～图 2-68 所示。

提示：如果"颜色"面板没有显示出来，则可选择"窗口"→"颜色"选项。

（10）选择工具箱中的"选择工具"，按住鼠标左键滑动选中铅笔的一部分，即选中笔尖，如图 2-69 所示。

图 2-66　设置铅笔渐变色的左边颜色

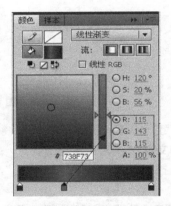

图 2-67　设置铅笔渐变色的中间颜色

图 2-68　设置铅笔渐变色的右侧颜色

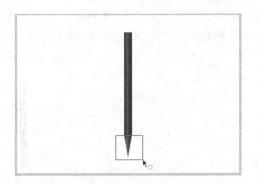

图 2-69　选中笔尖

（11）在"颜色"面板中，设置线性渐变色，如图 2-70～图 2-72 所示。

图 2-70　设置左侧颜色

图 2-71　设置中间颜色

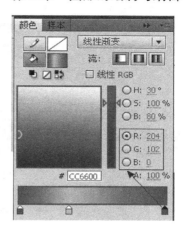
图 2-72　设置右侧颜色

（12）选择工具箱中的"选择工具"，选择铅笔尖的部分，将其设置为黑色，如图 2-73 所示。

图 2-73　设置笔尖颜色

（13）选择工具箱中的"任意变形工具"，滑动选中整支铅笔后，将鼠标指针移动到如图 2-74 所示位置。

（14）当鼠标指针变为 时，按住鼠标左键将铅笔旋转适当角度，如图 2-75 所示，松开鼠标后即可完成整支铅笔的绘制。

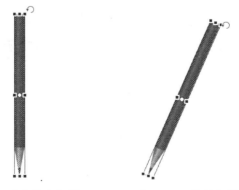
图 2-74　选中整支铅笔　　　　图 2-75　旋转铅笔

2.5　椭圆工具

选择工具箱中的"椭圆工具" ，如图 2-76 所示，将鼠标指针移动到场景中，拖曳鼠标即可绘制出椭圆或圆形。

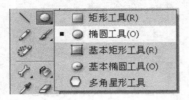

图 2-76　椭圆工具

椭圆工具的"属性"面板如图 2-77 所示。

图 2-77　椭圆工具的"属性"面板

不同"开始角度""结束角度""内径"的示例如图 2-78 所示。

开始角度：90　　开始角度：0　　开始角度：0
结束角度：0　　结束角度：90　　结束角度：0
内径：0　　内径：0　　内径：50

图 2-78　示例

2.5.1　案例 1：用椭圆工具绘制月牙

打开"效果"/"椭圆工具-月牙.fla"文件，如图 2-79 所示。

图 2-79　月牙效果

（1）新建一个 Flash 文件，设置背景色为"#333333"。

（2）选择工具箱中的"椭圆工具"，无笔触颜色，填充颜色为白色，如图 2-80 所示。按住 Shift 键，在舞台工作区中绘制一个正圆。

图 2-80　设置无笔触

（3）选择工具箱中的"选择工具"，按住 Ctrl 键，单击白色圆形并向右下角拖曳，如图 2-81 所示，松开鼠标左键，松开 Ctrl 键，即可复制一个白色的圆，如图 2-82 所示。

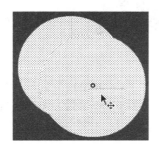

图 2-81　拖曳圆　　　　　　　图 2-82　复制圆

（4）按 Delete 键，清除刚刚复制的圆，即可留下所需要绘制的月牙，如图 2-83 所示。

图 2-83　绘制的月牙

2.5.2　案例2：使用椭圆工具绘制苹果

打开"效果"/"椭圆工具-苹果.fla"，如图2-84所示。

图2-84　苹果效果

（1）新建一个Flash文件，将其保存为"苹果.fla"。

（2）选择工具箱中的"椭圆工具"，无笔触颜色，填充颜色为黑色，按住Shift键，在舞台工作区中绘制一个正圆，如图2-85所示。

图2-85　绘制正圆

（3）选择工具箱中的"选择工具"，单击舞台工作区的空白处，以取消选中任何对象。

（4）将鼠标指针移动到圆形顶部，出现如图2-86所示形状时按住鼠标左键并向下拖曳。

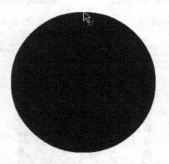

图2-86　将鼠标指针移动到圆形顶部

（5）拖曳后圆形变为如图2-87所示形状。

图 2-87　拖曳圆形

（6）以同样的方法，从圆形底部拖曳鼠标，圆形变为如图 2-88 所示的形状。

图 2-88　拖曳圆形底部

（7）选中图形，选择"窗口"→"颜色"选项，弹出"颜色"面板，相关设置如图 2-89
和图 2-90 所示。

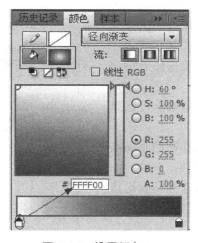

图 2-89　设置颜色 1

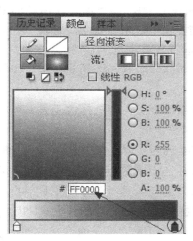

图 2-90　设置颜色 2

选择工具箱中的"颜料桶工具"，在如图 2-91 所示位置单击即可改变填充效果。

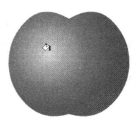

图 2-91　添加填充色

（8）取消对图形的选中。

（9）选择工具箱中的"铅笔工具"，设置模式为"平滑" ，笔触颜色为"#CC6600"，绘制一条曲线作为苹果的梗，最终效果如图 2-92 所示。

图 2-92　最终效果

2.6　钢　笔　工　具

"钢笔工具"主要用于绘制图形，更准确地说，通过对锚点的控制来绘制任意线条（直线和曲线）。

（1）按住"钢笔工具"不放，将弹出钢笔工具下拉列表，如图 2-93 所示。图中，1～4 处分别是钢笔工具、添加锚点工具、删除锚点工具、转换锚点工具。这 4 个工具与"部分选取工具""选择工具"配合使用实现对图形线条轮廓的绘制。

（2）添加锚点工具：选择此工具，在线条上单击即可添加锚点。

（3）删除锚点工具：选择此工具，在锚点上单击即可删除锚点。

（4）转换锚点工具：选择此工具，将鼠标指针移动到锚点上，拖曳鼠标，出现锚点控制点，并改变线条弧度。

（5）部分选取工具：选择此工具，将鼠标指针移动到锚点上，拖曳鼠标，可改变锚点的位置。将鼠标移动到锚点控制点上，拖曳鼠标，可改变线条弧度。

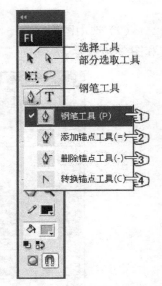

图 2-93　钢笔工具下拉列表

2.6.1　案例 1：使用钢笔工具绘制波浪线

现在来练习如何绘制一条波浪线。

（1）新建一个 Flash 文件，将其保存为"波浪线.fla"。

（2）为了使大家容易理解，先选择"视图"→"网格"→"显示网格"选项，在舞台工作区中出现网格，使定点更容易。

（3）设置网格线，选择"视图"→"网格"→"编辑网格"选项，弹出"网格"对话框，编辑网格，如图 2-94 所示。

图 2-94　"网格"对话框

（4）选择工具箱中的"钢笔工具"，设置颜色为黑色，笔触大小为 3。

（5）先在一个网格的交点处按下鼠标左键确定起点，再拖曳鼠标到对角处，松开鼠标左键，如图 2-95 所示。

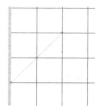

图 2-95　定位第 1 段波浪线的位置

（6）每隔 3 个网格进行拖放，每次拖放的方向与前次相反。这样，一条有规律的波浪线就出现了，如图 2-96 所示。

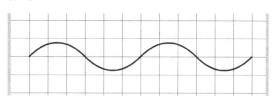

图 2-96　绘制波浪线

（7）选择工具箱中"部分选取工具" ，在波浪线上单击，波浪线变为如图 2-97 所示的形状。

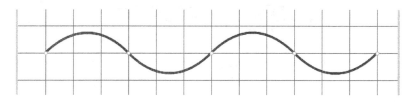

图 2-97　部分选取波浪线

（8）再次单击波浪线上的节点，其形状如图 2-98 所示。

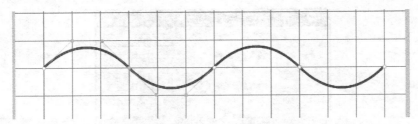

图 2-98　单击波浪线上的节点

（9）拖曳手柄可以改变曲线的形状。按住 Alt 键并拖曳手柄，可以不影响另一个手柄。拖曳节点可以改变节点的位置，从而改变曲线的形状，如图 2-99 所示。

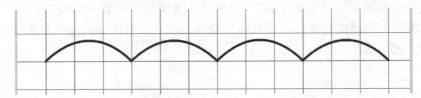

图 2-99　改变曲线的形状

2.6.2　案例 2：使用钢笔工具绘制心形

（1）打开"效果"/"钢笔工具-心形.fla"文件，如图 2-100 所示。

图 2-100　心形效果图

（2）新建一个 Flash 文件，将其保存为"心形.fla"。

（3）显示网格线，选择"视图"→"网格"→"显示网格"选项。

（4）选择"视图"→"网格"→"编辑网格"选项，弹出"网格"对话框，编辑网格，如图 2-101 所示。

图 2-101　编辑网格

（5）选择"视图"→"标尺"选项，显示标尺。

（6）将鼠标指针移动到如图 2-102 所示位置。

图 2-102　定位鼠标指针

（7）按住鼠标左键并向下拖曳出一条水平参考线，即添加上端水平参考线，如图 2-103 所示。

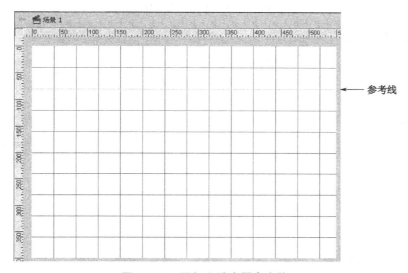

图 2-103　添加上端水平参考线

（8）以同样的方法，再次拖曳出一条水平参考线，即添加下端水平参考线，如图 2-104 所示。

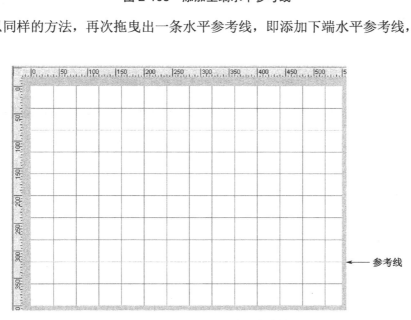

图 2-104　添加下端水平参考线

（9）将鼠标指针移动到如图 2-105 所示位置。

图 2-105　移动鼠标指针

（10）按住鼠标左键向右分别拖曳出两条垂直参考线，如图 2-106 所示。

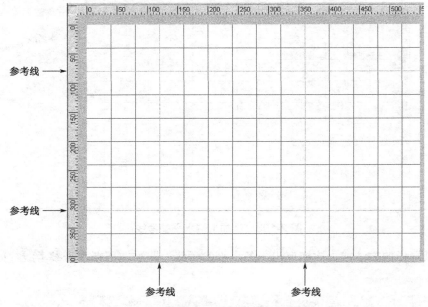

图 2-106　添加两条垂直参考线

（11）选择工具箱中的"钢笔工具"，设置笔触颜色为黑色，将鼠标指针移动到如图 2-107
所示位置。

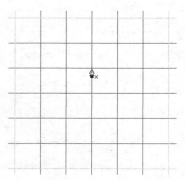

图 2-107　定位鼠标指针 1

（12）松开鼠标左键，再将鼠标指针移动到如图 2-108 所示位置。

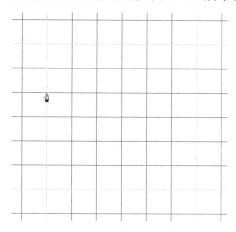

图 2-108　定位鼠标指针 2

（13）按住鼠标左键，拖曳到如图 2-109 所示位置，绘制第一段曲线。

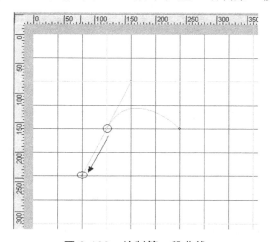

图 2-109　绘制第一段曲线

（14）松开鼠标左键，将鼠标指针移动到如图 2-110 所示位置。

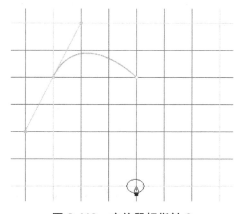

图 2-110　定位鼠标指针 3

（15）单击，绘制第二段曲线，如图 2-111 所示。

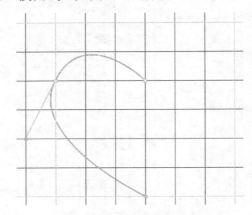

图 2-111　绘制第二段曲线

（16）将鼠标指针移动到如图 2-112 所示位置。

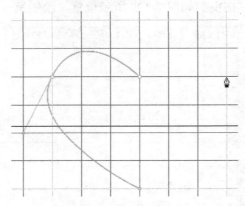

图 2-112　定位鼠标指针 4

（17）按住鼠标左键，拖曳鼠标到如图 2-113 所示位置，松开鼠标左键，绘制第三段曲线，如图 2-113 所示。

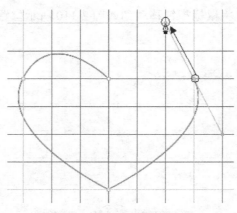

图 2-113　绘制第三段曲线

（18）将鼠标指针移动到起点处并单击，绘制第四段曲线，如图 2-114 所示。

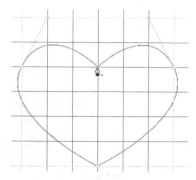

图 2-114　绘制第四段曲线

（19）选择工具箱中的"颜料桶工具"，如图 2-115 所示。

图 2-115　颜料桶工具

（20）在"颜色"面板中进行相关设置，如图 2-116 和图 2-117 所示。

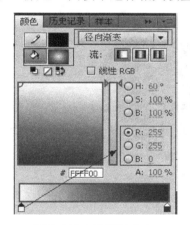

图 2-116　设置颜色 1

图 2-117　设置颜色 2

（21）将鼠标指针移动到如图 2-118 所示位置处。

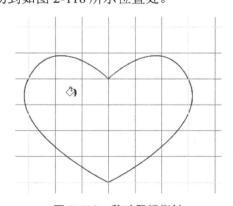

图 2-118　移动鼠标指针

（22）单击即可进行填充，填充后的效果如图 2-119 所示。

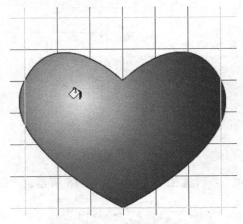

图 2-119　填充后的效果

（23）选择工具箱中的"选择工具"，将鼠标指针移动到如图 2-120 所示位置。

图 2-120　选中边框

（24）双击即可选中心形的整个边框，按 Delete 键，删除边框。

（25）选择"视图"→"辅助线"→"清除辅助线"选项，清除辅助线。

（26）再次选择"视图"→"标尺"选项，即可隐藏标尺。

（27）再次选择"视图"→"网格"→"显示网格"选项，不显示网格线。

2.7　铅　笔　工　具

"铅笔工具" 的使用方法很简单，它的颜色、粗细和样式定义与线条工具一样，不同的是，其线条有 3 种模式，如图 2-121 所示。

图 2-121　线条的 3 种模式

（1）"伸直"模式：把线条自动转换为接近形状的直线。
（2）"平滑"模式：把线条转换为接近形状的平滑曲线。
（3）"墨水"模式：不加修饰，完全保持鼠标轨迹的形状。
使用不同模式绘制的山峰效果如图 2-122 所示。

图 2-122　3 种线条模式绘制的山峰效果

"铅笔工具"的使用很简单，大家可以自己随意练习。"铅笔工具"虽有 3 种模式，但要用它直接绘制，需要看用户对鼠标的掌握程度。如果对鼠标掌握得不太好，则最好多使用"线条工具""钢笔工具"。另外，随着计算机技术的发展，借助"鼠绘板"等电子产品更容易实现复杂图形的绘制。

2.8　刷　子　工　具

"刷子工具"的选择如图 2-123 所示。

图 2-123　选择刷子工具

"刷子工具"可以随意绘制色块。选择工具箱中的"刷子工具"后，工具箱下方会显示其选项，如图 2-124 所示。

图 2-124　刷子工具的选项

"刷子工具"有 5 种模式，如图 2-125 所示。

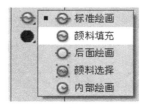

图 2-125　刷子工具的 5 种模式

刷子模式的功能如表 2.1 所示。

表 2.1　5 种刷子模式的功能

符号	说明	具体解释	举例
	标准绘画	可对同一层的线条和填充涂色	
	颜料填充	不会遮盖边缘线颜色，只与填充色发生反应	
	后面绘画	无论怎么画，都在图形的后面	
	颜料选择	先选中需要的色块，再进行绘制	
	内部绘画	需要在内部描绘，如果拖曳出一条长线，则其效果和"后面绘画"模式相同	

"刷子大小"有如图 2-126 所示的几种选择。
"刷子形状"有如图 2-127 所示的几种选择。

图 2-126　刷子大小

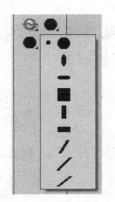

图 2-127　刷子形状

大家可以选取不同大小和形状的刷子进行练习，找一找感觉。

2.9　部分选取工具

"部分选取工具" 可以改变矢量图的形状。选择工具箱中的"部分选取工具" ，再单击线条或轮廓线以选中，如图 2-128（a）所示。用鼠标拖曳节点，改变线条和轮廓线的形状，如图 2-128（b）所示。另外，按住 Alt 键，同时用鼠标拖曳并调整控制柄，可以单独调整控制柄的一端，如图 2-128（c）所示。

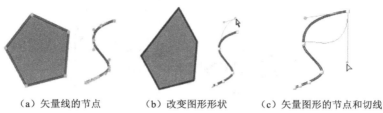

（a）矢量线的节点　　　（b）改变图形形状　　　（c）矢量图形的节点和切线

图 2-128　使用"部分选取工具"改变矢量图形状

2.10　喷涂刷工具

"喷涂刷工具"的作用类似于粒子喷射器，使用它可以一次将形状图案"刷"到舞台工作区。默认情况下，喷涂刷使用当前选中的填充颜色喷射粒子点。但是，也可以使用"喷涂刷工具"将影片剪辑或图形元件作为图案应用。

使用"喷涂刷工具"的步骤如下。

（1）选择工具箱中的"喷涂刷工具"，如图 2-129 所示。

（2）在"属性"面板中，选择默认喷涂点的填充颜色。或者，单击"编辑"按钮从库中选择自定义元件。

可以将库中的任何影片剪辑或图形元件作为"粒子"使用。通过这些基于元件的粒子，对在 Flash 中创建的插图进行多种创造性控制。

（3）在舞台工作区中要显示图案的位置单击或拖曳。

图 2-129　选择喷涂刷工具

在工具箱中选择"喷涂刷工具"时，喷涂刷工具的选项将显示在"属性"面板中，如图 2-130 所示。

单击"编辑"按钮，弹出"选择元件"对话框，用户可以在其中选择影片剪辑或图形元件以用作喷涂刷粒子。选中库中的某个元件时，其名称将显示在"编辑"按钮的旁边。

① 颜色选取器：选择默认粒子喷涂的填充颜色。使用库中的元件作为喷涂粒子时，将禁用颜色选取器。

② 缩放：此属性仅在没有将库中的元件用作粒子时出现，用于缩放用作喷涂粒子的元件。例如，如果值为 10%，则将元件缩小 10%；如果值为 200%，则将元件增大 200%。

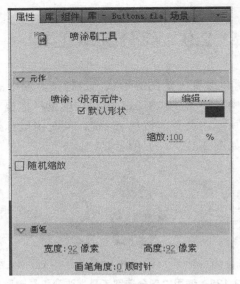

图 2-130　喷涂刷工具的"属性"面板

③ 随机缩放：指定按随机缩放比例将每个基于元件的喷涂粒子放置在舞台工作区中，并改变每个粒子的大小。使用默认喷涂点时，会禁用此项。

④ 宽度：在不使用库中的元件时，喷涂粒子的宽度。

⑤ 高度：在不使用库中的元件时，喷涂粒子的高度。

2.11　橡皮擦工具

"橡皮擦工具"主要用于擦除线条或填充内容。选择工具箱中的"橡皮擦工具"，如图 2-131 所示，在工具箱中可以看到橡皮擦工具的设置选项，如图 2-132 所示。

图 2-131　橡皮擦工具　　　　图 2-132　橡皮擦工具的选项

Flash 为用户提供了多种橡皮擦模式，如图 2-133 所示，根据不同的情况进行选择，可以得到理想的效果。

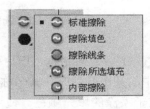

图 2-133　橡皮擦模式

橡皮擦模式的功能如表 2.2 所示。

表 2.2　橡皮擦模式的功能

符号	说明	具体解释	举例
	标准擦除	可擦除线条和填充内容	
	擦除填色	只擦除填充内容，不擦除线条	
	擦除线条	只擦除线条，不擦除填充内容	
	擦除所选填充	只能在选中区域内擦除线条和填充内容，即用"橡皮擦工具"擦除前，先用"选择工具"选中图形中需要擦除的区域，再进行擦除	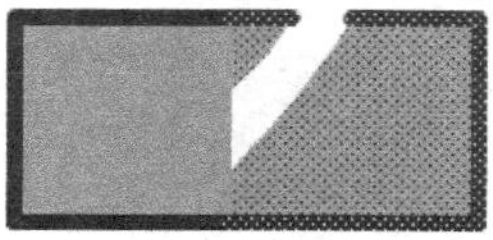
	内部擦除	只有从填充区域内部擦除才有效，如果从外部向内部擦除，则不会擦除任何内容。这种擦除模式只能擦除填充内容，不能擦除线条	

2.12　文本工具

"文本工具"主要用于在编辑区中输入文字。具体的使用方法请见本书后续章节的相关内容。

2.13　套索工具

"套索工具"是一种选取工具，使用的时候不是很多，主要用于处理位图。选择工具箱中的"套索工具"后，会出现"魔术棒""魔术棒属性""多边形模式"选项，如图 2-134 所示。

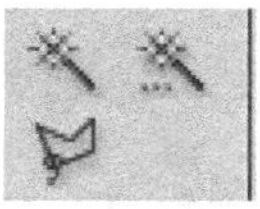

图 2-134　"魔术棒""魔术棒属性""多边形模式"选项

在场景中随意绘制一个图形，选择工具箱中的"套索工具"，选项"多边形模式"选项，根据需要单击，当得到需要的选择区域时，双击即可自动封闭所选区域，如图 2-135 所示。

图 2-135　自动封闭所选区域

"魔术棒" 用于对位图进行处理。如果需要选取位图中的同一色彩，则可以先设置魔术棒属性。选择"魔术棒设置"选项 ，弹出"魔术棒设置"对话框，如图 2-136 所示，对于"阈值"，可输入 1～200 中的整数，用于定义所选区域内，相邻像素达到的颜色接近程度。该数值越高，包含的颜色范围越广。如果输入 0，则只选择与所单击像素颜色完全相同的像素。"平滑"下拉列表中有 4 个选项，用于定义所选区域边缘的平滑程度，如图 2-137 所示。

图 2-136　"魔术棒设置"对话框

图 2-137　平滑程度

选择"文件"→"导入"→"导入到舞台"选项，在 Flash 中导入"素材"文件夹中的"飞机.bmp"，保证图像处于选中状态，选择"修改"→"分离"选项，将位图分离。选择"魔术棒"选项，设置"阈值"为 10，单击飞机的右上角，如图 2-138 所示。设置"阈值"为 30，单击飞机的右上角，如图 2-139 所示。

图 2-138　"阈值"为 10 的效果

图 2-139　"阈值"为 30 的效果

提示：利用前面叙述的方法可以将位图图像的背景去掉。具体方法如下：将位图图像打散，选择"魔术棒"选项，调整魔术棒的阈值，选取位图背景，按 Delete 键将所选背景删除。

2.14　滴管工具和墨水瓶工具

"滴管工具" 📌 和"墨水瓶工具" ⚫ 可以很快地将一条直线（一个平面）的颜色样式套用到其他线条（平面）上。

选择工具箱中的"线条工具" ＼，在舞台工作区中绘制一条红色的直线，设置样式为"点刻线"，再绘制一条黑色的直线，设置样式为"锯齿线"，如图 2-140 所示。

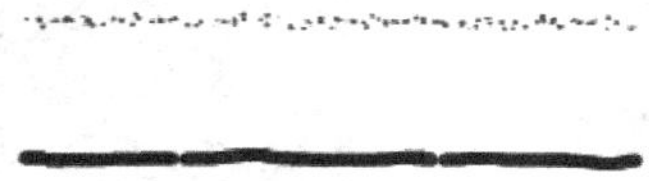

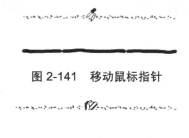

图 2-140　绘制 2 条直线

选择工具箱中的"选择工具" ▶，在舞台的空白处单击以取消对所有对象的选择。

选择工具箱中的"滴管工具" 📌，将鼠标指针向第一条红色直线上移动，当出现如图 2-141 所示的鼠标指针形状时单击，鼠标指针随即变为墨水瓶的形状 ⚫，如图 2-142 所示。

图 2-141　移动鼠标指针

图 2-142　鼠标指针变为墨水瓶的形状

将鼠标指针移动到第二条黑色直线上，如图 2-143 所示，单击，第二条直线的样式和颜色就会和第一条直线相同，如图 2-144 所示。

图 2-143　将鼠标指针移动到第二条直线上

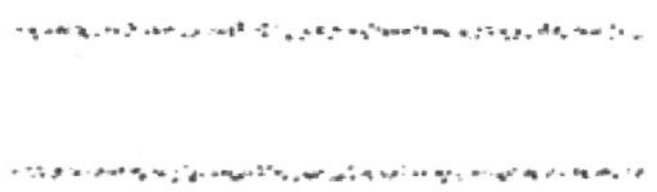

图 2-144　第二条直线的样式和第一条直线相同

2.15　常用编辑方法

2.15.1　使用选择工具改变图形形状

（1）选择工具箱中的"选择工具" ▶，单击对象外部，不选中要改变形状的对象。

（2）将鼠标指针移动到线、轮廓线或填充的边缘处，会发现鼠标指针右下角出现了一个小弧线（指向线边时），如图 2-145（a）所示；或小直角线（指向线端或折点时），如图 2-145（b）所示。此时，拖曳线即可看到被拖曳的线形状发生了变化，如图 2-145 所示。当松开鼠标左键后，图形发生了大小与形状的变化，如图 2-146 所示。

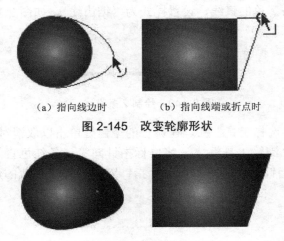

（a）指向线边时　　　　（b）指向线端或折点时

图 2-145　改变轮廓形状

图 2-146　改变图形形状

2.15.2　切割图形

可以切割的对象有矢量图及打碎的位图、文字、组合、实例对象等，切割对象通常可以采用下述 3 种方法。

（1）选择工具箱中的"选择工具" ▶，拖曳出一个矩形，选中图形的一部分，如图 2-147 所示。拖曳图形选中的部分，即可将选中的部分切割开，如图 2-148 所示。

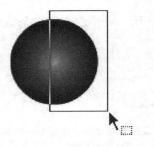　　　　

图 2-147　选中图形的一部分　　　　图 2-148　切割后的效果

（2）在要切割的图形中绘制一条细线，如图 2-149 所示。选择工具箱中的"选择工具" ▶，选中被线分割的一部分图形，拖曳并移开选中的图形，如图 2-150 所示，再将细线删除即可。

图 2-149　绘制一条细线

图 2-150　拖曳移开选中的图形

（3）在要切割的图形对象中绘制一个图形（在圆形中绘制一个矩形，如图 2-151 所示），再选择工具箱中的"选择工具" ，选中新绘制的图形并将其移出，即可将新绘制的图形与原图形重叠的部分删除，如图 2-152 所示。

图 2-151　绘制一个图形

图 2-152　切割图形

2.15.3　对象一般变形调整

选择工具箱中的"选择工具" ，选中对象。选择"修改"→"变形"选项，弹出其子菜单，如图 2-153 所示。利用该菜单，可以对选中的对象进行各种变形操作。

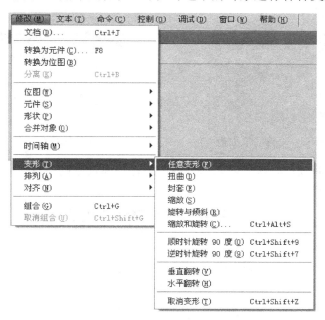
图 2-153　"变形"子菜单

旋转与倾斜 ← 缩放
扭曲 ← 封套

图 2-154　任意变形工具选项

另外，选择工具箱中的"任意变形工具"，也可以进行封套、缩放、旋转与倾斜等变形。选中对象后，选择中工具箱中的"任意变形工具"，此时工具箱的选项栏如图 2-154 所示。对象的变形通常是先选中对象，再进行对象变形的操作。

提示：对于文字、组合、图像和实例等对象，"变形"子菜单中的"扭曲"和"封套"是不可以使用的，任意变形工具选项栏中的"扭曲"和"封套"也是不可以使用的。

2.15.4　精确调整对象

利用"信息"面板可精确调整对象：选择工具箱中的"选择工具"，选中对象，再选择"窗口"→"信息"选项，弹出"信息"面板，如图 2-155 所示。利用"信息"面板可以精确调整对象的位置与大小，以及获取颜色的有关数据和鼠标指针位置的坐标值。

"信息"面板左下方给出了线和图形等对象当前（即鼠标指针指示处）颜色的红、绿、蓝和 Alpha 的值，右下方给出了当前鼠标指针位置的坐标值。随着鼠标指针的移动，红、绿、蓝、Alpha 值和鼠标指针的坐标值也会改变。

"信息"面板中的"宽"和"高"文本框中给出了选中对象的宽度和高度值（单位为像素）。改变文本框中的数值，再按 Enter 键，可以改变选中对象的大小。

"信息"面板中的"X"和"Y"文本框中给出了选中对象的坐标值（单位为像素）。改变文本框中的数值，再按 Enter 键，可以改变选中对象的位置。选中"X"和"Y"文本框左侧图标中右下角的白色小方块，使它变为，如图 2-155 所示，表示给出是对象中心坐标值；选中图标中左上角的白色小方块，使它变为，如图 2-156 所示，表示给出是对象外切矩形左上角的坐标。

图 2-155　"信息"面板

图 2-156　对象外切矩形左上角的坐标

利用"属性"面板精确调整对象：利用"属性"面板中的"宽"、"高"、"X"和"Y"文本框可以精确调整对象的大小和位置，如图 2-157 所示。

图 2-157　精确调整对象的大小和位置

2.16　实　　训

2.16.1　实训 1：绘制彩虹

1．勾勒风景细条

（1）新建一个 Flash 文件，选择工具箱中的"线条工具" ，将其笔触颜色设置为黑色。此时，鼠标指针会变成"十"字形，按住鼠标左键在舞台工作区中拖曳，绘制一条直线，如图 2-158 所示。

图 2-158　绘制直线

（2）选择工具箱中的"选择工具" ，将鼠标指针移动到直线旁直至鼠标指针箭头下面出现一段弧线，拖曳鼠标将直线修改为弧状曲线，如图 2-159 所示。

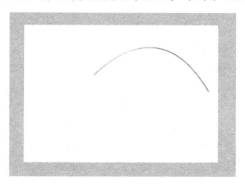

图 2-159　将直线修改为弧状曲线

（3）选择工具箱中的"选择工具" ，双击弧线以选中，依次按 Ctrl+C 和 Ctrl+V 组合键复制一段弧线，连续复制 7 段，选择工具箱中的"任意变形工具" ，进行适当变形，将其移动到如图 2-160 所示的位置，为制作彩虹做准备。

（4）选择工具箱中的"铅笔工具" ，将其属性设置为"平滑"，在舞台工作区中按住鼠标左键并拖曳，手动绘制一些光滑的曲线，形成山和小河的效果，如图 2-161 所示。

（5）选择工具箱中的"选择工具" ，移动鼠标指针，当鼠标指针箭头下面出现一段弧线时，拖曳鼠标进行形状上的修改，使其更加逼真。选中多余的曲线段，按 Delete 键删除，如图 2-162 所示。

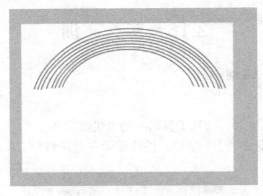

图 2-160　移动弧线

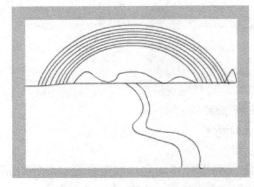

图 2-161　绘制山和小河效果

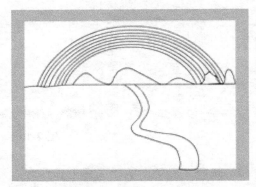

图 2-162　进行形状的修改

2. 填充颜色

（1）选择工具箱中的"颜料桶工具" 　，设置填充色为红色，单击进行填充。同理，自上而下填充红、橙、黄、绿、青、蓝、紫 7 种颜色，如图 2-163 所示。

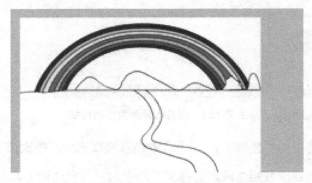

图 2-163　填充彩虹颜色

（2）选择工具箱中的"颜料桶工具" 　，在"颜色"面板中，将其填充类型设置为"线性渐变"，并设置由浅绿到深绿的渐变，如图 2-164 所示。单击山，填充山的颜色。

图 2-164　设置填充色

（3）以同样的方法填充小河，如图 2-165 所示。

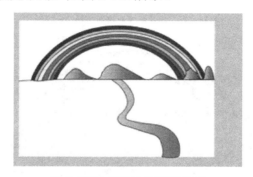

图 2-165　填充小河后的效果

（4）选择工具箱中的"渐变变形工具" 圕 ，单击刚才的渐变填充部分，在舞台工作区中出现控制柄，当鼠标指针移动到控制柄上时，圆圈变成 4 个旋转箭头，按住鼠标拖曳控制柄，改变渐变填充色的方向；当鼠标指针移动到控制柄中间的小方块上时，鼠标指针变成左右箭头，按住鼠标拖曳，改变渐变填充的大小；当鼠标指针移动到中间时，圆圈变成 4 个方向的箭头，按住鼠标移动填充的位置，得到最终的填充效果，如图 2-166 所示。

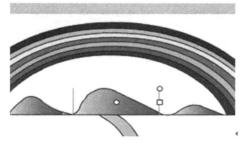

图 2-166　最终的填充效果

3．绘制草地

（1）选择工具箱中的"线条工具" ✎ ，将其笔触颜色设置为黑色。将河两边的草地围成一个密封的矩形，如图 2-167 所示。

图 2-167　将河两边的草地围成一个密封的矩形

（2）选择工具箱中的"颜料桶工具" 🖌️，设置填充色为浅绿色，填充河两边的草地，如图 2-168 所示。

图 2-168　填充河两边的草地

4．绘制天空

（1）在"时间轴"面板中，单击"插入图层"按钮 ，在时间轴上新建图层 2，如图 2-169 所示。

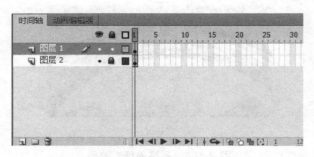

图 2-169　新建图层 2

（2）选择工具箱中的"矩形工具" ⬜，在"颜色"面板中，设置填充为"线性渐变"，并设置由蓝色到白色的渐变，在工具箱的颜色栏中，将笔触颜色设置为无 ⬜，在舞台工作区中绘制一个矩形，使用填充变形工具 📠 进行调整，得到如图 2-170 所示的天空背景效果。

图 2-170　天空背景效果

（3）在"时间轴"面板中使用鼠标按住图层 1，将其拖曳到图层 2 的上方，如图 2-171 所示。

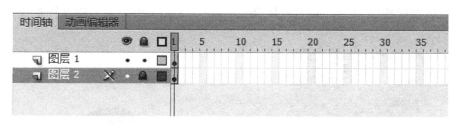

图 2-171　调整上下图层的位置

5．删除多余线条

（1）选择工具箱中的"选择工具" ，选中绘制的多余线条，按 Delete 键进行删除，最终效果如图 2-172 所示。

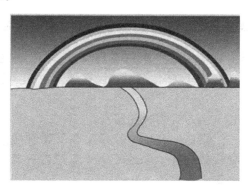

图 2-172　最终效果

（2）保存后测试影片。

2.16.2　实训 2：绘制草地上的樱桃小丸子

1．绘制头部

（1）新建一个 Flash 文件，选择工具箱中的"椭圆工具" ，将笔触颜色设置为"无"，填充颜色设置为黑色，绘制椭圆，作为头发的基本形状。选择工具箱中的"选择工具" ，选中椭圆部分区域并删除，进行适当变形，绘制头发的基本形状如图 2-173 所示。

图 2-173　绘制头发的基本形状

（2）新建图层，选择工具箱中的"矩形工具"🔲，绘制矩形，选择工具箱中的"选择工具"，对矩形进行调整，直至调整出人脸的基本形状。选择工具箱中的"颜料桶工具"🪣，设置笔触颜色为黑色，并设置填充色，如图 2-174 所示，给脸部添加填充色，如图 2-175 所示。

图 2-174　设置填充色

图 2-175　给脸部添加填充色

（3）绘制刘海。选择工具箱中的"线条工具"✏️，绘制刘海的雏形，并对刘海部分进行变形，选择工具箱中的"颜料桶工具"，设置填充色为黑色，对刘海进行填充，如图 2-176 所示。

（4）绘制脸部器官。

图 2-176　填充刘海

眉毛：选项"线条工具"绘制线条，并进行适当调整；复制线条选择"修改"→"变形"→"水平翻转"选项，将线条移动到眉毛处。

眼睛：选择工具箱中的"椭圆工具"，设置填充色为黑色，绘制圆形，在圆中绘制另一小圆作为瞳孔，填充色为白色，选中眼睛复制并粘贴，将两个图形移动到眼睛处。

嘴巴：选择工具箱中的"椭圆工具"，绘制圆，在圆形上半部拖曳出一条直线，去掉多余部分，进行适当调整，填充红色。

腮红：在"颜色"面板中，将填充样式设为"径向渐变"，具体颜色控制如图 2-177 所示，选择工具箱中的"椭圆工具"，在适当位置绘制腮红。

耳朵：用类似于绘制嘴巴的方式绘制耳朵，填充色与脸部一致。

最终，头部效果如图 2-178 所示。

图 2-177　设置渐变色

图 2-178　头部效果

2．绘制身体

（1）绘制身体。选择工具箱中的"矩形工具"，设置边框为黑色，填充色为橘红色，绘制一个矩形。选择工具箱中的"铅笔工具"，在矩形底部绘制一条曲线作为裙子的花边，调整矩形至适当大小。选择工具箱中的"任意变形工具"，调整矩形斜度，并使用以上相同方法绘制花边。复制花边后水平翻转，放在裙子两侧作为衣袖。选择工具箱中的"钢笔工具"，在领口绘制花边，进行适当调整，设置花边色为白色，如图 2-179 所示。

图 2-179　绘制身体

（2）绘制矩形，对底边做调整以作为脖子，如图 2-180 所示。选择工具箱中的"线条工具"，绘制手的基本形状，如图 2-181 所示，在手指间拖曳出两个线条。复制手的线条，水平翻转，拖曳到右侧，对其进行填色，如图 2-180 所示。

图 2-180　绘制脖子和手

图 2-181　绘制手

（3）选择工具箱中的"矩形工具"，绘制矩形。选择工具箱中的"选择工具"，对矩形做变形，调整脚形，填充为肤色，拖曳到脚的位置。选择工具箱中的"线条工具"，在脚中间拖曳出一条线，将下部填充为白色，作为袜子的部分，如图 2-182 所示。选中左脚并复制，水平翻转，将其移动到右脚处，如图 2-183 所示。

3．绘制背景

（1）新建图层，隐藏前两个图层。选择工具箱中的"矩形工具"，在舞台工作区的上部绘制一个矩形，设置笔触颜色为无，填充色为由蓝色到白色的线性填充，如图 2-184 所示，选择工具箱中的"渐变变形工具"，调整线性颜色。选择工具箱中的"矩形工具"，设置笔触颜色为无，填充色为绿色，在舞台工作区的下部绘制矩形。选择工具箱中的"选择工具"，对上方的线条做调整，绘制草地，如图 2-185 所示。

图 2-182　绘制脚

图 2-183　复制脚

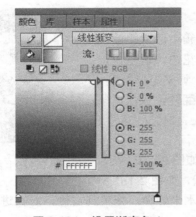

图 2-184　设置渐变色 1

图 2-185　绘制草地

（2）选择工具箱中的"椭圆工具"，以叠加的方式绘制花朵，对花朵进行适当调整，并为其填充白色至红紫色的"径向渐变"效果，如图 2-186 所示，并改变其大小。选择工具箱中的"线条工具"绘制花梗，选中线条，在"属性"面板中调整线条的粗细，如图 2-187 所示，弯曲花梗，并复制粘贴花朵数至适宜量。

图 2-186　设置渐变色 2

图 2-187　设置笔触的属性

（3）保存测试影片，最终效果如图 2-188 所示。

图 2-188　最终效果

2.16.3　实训 3：绘制福娃欢欢

1. 绘制头部

（1）新建一个 Flash 文档，选择工具箱中的"椭圆工具" ○，设置笔触颜色为黑色，填充颜色为无，在舞台工作区中绘制一个椭圆，并进行适当变形，如图 2-189 所示。

图 2-189　绘制椭圆

（2）选择工具箱中的"铅笔工具 ✎"，在椭圆中拖曳出几条线，并进行适当变形，添加帽子轮廓，如图 2-190 所示。

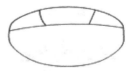

图 2-190　添加帽子轮廓

（3）选择工具箱中的"颜料桶工具" 🪣，设置填充色为红色和紫红色，如图 2-191 所示。

图 2-191　填充颜色

（4）选择工具箱中的"椭圆工具"，设置填充色为黑色，绘制两只眼睛，再次选择工具箱中的"椭圆工具"，设置填充色为白色，分别在两个黑色的椭圆中绘制两个小椭圆，选择工具箱中的"任意变形工具"，对右眼进行适当调节，如图 2-192 所示。

图 2-192　绘制眼睛

（5）选择工具箱中的"铅笔工具"，设置笔触颜色为黑色，绘制左边的刘海，如图 2-193 所示。

图 2-193　绘制左边的刘海

（6）选择工具箱中的"选择工具"，选中左边的刘海并复制，选中复制的刘海，选择 "修改"→"变形"→"水平翻转"选项，将其作为右边刘海，如图 2-194 所示。

图 2-194　绘制右边的刘海

（7）选择工具箱中的"矩形工具" □，在舞台工作区中绘制一个矩形，进行适当变 形，选中变形的矩形并将其移动到适当位置，选择工具箱中的"颜料桶工具"，设置填充 色为黑色，对刘海和鼻子进行填色，效果如图 2-195 所示。

图 2-195　刘海和鼻子的效果

（8）选择工具箱中的"椭圆工具"，在舞台工作区中绘制一个椭圆，再在椭圆中间绘 制一条线，选中椭圆上部，按 Delete 键删除。再次选择工具箱中的"颜料桶工具"，设置 填充色为梅红，对嘴巴进行填充，如图 2-196 所示。

图 2-196　绘制嘴巴

（9）选择工具箱中的"钢笔工具"，绘制头冠。选择工具箱中的"颜料桶工具"，在"颜色"面板中，将填充模式设为"径向渐变"，调整渐变轴，如图 2-197 所示，对头冠进行填充，并选择工具箱中的"渐变变形工具"进行适当调整，如图 2-198 所示。

图 2-197　设置渐变颜色　　　　图 2-198　绘制头冠

（10）选择工具箱中的"椭圆工具"，在头冠上绘制一个椭圆，并将其填充为黄色，如图 2-199 所示。

至此，福娃欢欢的头部绘制完成。

图 2-199　绘制黄色椭圆

2．绘制身体

（1）选择工具箱中的"椭圆工具"在舞台工作区中绘制一个大椭圆，在大椭圆中绘制 5 个小椭圆，笔触颜色分别设置为蓝、黄、黑、绿、红。选择工具箱中的"任意变形工具"，对 5 个小椭圆进行适当变形，绘制身体，如图 2-200 所示。

图 2-200　绘制身体

（2）选择工具箱中的"椭圆工具"，绘制一个椭圆，选择工具箱中的"线条工具"，截取椭圆的一部分，选择工具箱中的"选择工具"，对椭圆进行适当调整，将其修改成手臂形状，如图 2-201 所示，复制并粘贴手臂，选中粘贴出来的手臂，选择"修改"→"变形"→"水平翻转"选项，进行适当调整，并将两只手臂填充为红色。

图 2-201　绘制手臂

3．绘制腿

（1）选择工具箱中的"椭圆工具"，在舞台工作区中绘制一个椭圆，使用任意变形工具和选择工具，将椭圆变形为腿的形状。选中腿，进行复制和粘贴操作，再选中粘贴出来的腿形状，选择"修改"→"变形"→"水平翻转"选项，将两条腿移动到适当位置，并将它们填充为红色，最终效果如图 2-202 所示。

图 2-202　最终效果

（2）保存并测试动画效果。

2.17　练　　习

（1）绘制一根电线杆，效果如图 2-203 所示。

图 2-203　电线杆效果

（2）绘制太阳东升的效果，如图 2-204 所示。

图 2-204　太阳东升效果

（3）绘制星空效果，如图 2-205 所示。

图 2-205　星空效果

第3章 元件、实例和库

✅ **本章学习任务**

在 Flash CS6 中，元件起着举足轻重的作用。通过重复应用元件，可以提高工作效率、减少文件量。本章讲解元件的创建、编辑、应用，以及"库"面板的使用。

- ➢ 创建和编辑元件
- ➢ 了解不同元件类型之间的区别
- ➢ 了解元件与实例之间的区别
- ➢ 使用标尺和辅助线在舞台工作区中定位对象
- ➢ 调整透明度和颜色
- ➢ 掌握"库"面板的使用方法

3.1 元   件

3.1.1 元件概念

元件是位于当前动画库中，可以反复使用的图像、按钮、动画、声音资源。元件是 Flash 中最重要的也是最基本的元素，其对 Flash 文件的大小和交互能力起着非常重要的作用。

元件可以包含从其他应用程序中导入的插图。用户创建的任何元件都会自动成为当前文档的库的一部分。

3.1.2 实例概念

实例是指位于舞台工作区或嵌套在另一个元件中的元件副本。实例可以与其父元件在颜色、大小和功能方面有差别。编辑元件会更新其所有实例，但对元件的一个实例应用效果只会更新该实例。

3.1.3 元件的好处

在文件中使用元件可以显著减小文件的大小；保存一个元件的几个实例比保存该元件内容的多个副本占用的存储空间小。例如，通过将诸如背景图像这样的静态图像转换为元件并重新使用它们，可以减小文件大小。使用元件还可以加快 SWF 文件的播放速度，因为元件只需下载到 Flash Player 中一次，无须重复下载。

3.1.4 元件的类型

"库"面板如图 3-1 所示，用于存放各种元件。"库"面板中除了有导入的图像元件 🖼、声音元件 🔊 和视频元件 📹，以及在创建动作动画时自动产生的补间元件 🎬 外，还可以自

己创建图形元件 ▣、影片剪辑元件和按钮元件 ▲。

（1）图形元件：可以是矢量图形、图像、声音或动画等，通常用于制作电影中的静态图形，不具有交互性。

（2）影片剪辑元件：用于制作独立于主影片时间轴的动画。它可以包括交互性控制、声音甚至其他影片剪辑的实例，也可以把影片剪辑的实例放在按钮的时间轴中，从而实现动画按钮。为了实现交互性，单独的图像也可以做成影片剪辑。

这两种元件创建的实例是不同的。影片剪辑实例只需要一个关键帧来播放动画即可，而图形实例必须出现在足够的帧中。

（3）按钮元件：可以在影片中创建按钮元件的实例。在 Flash 中，先要为按钮设计不同状态的外观，再为按钮的实例分配事件（如：单击等）和触发的动作。

在编辑时，必须选择"控制"→"测试影片"选项或选择"控制"→"测试场景"选项，才能在播放器窗口中演示其动画和交互效果。

图 3-1　"库"面板

3.1.5　创建元件

可以通过舞台工作区中选中的对象来创建元件，也可以创建一个空元件，再在元件编辑模式下制作或导入内容，并在 Flash 中创建字体元件。元件可以拥有 Flash 能够创建的所有功能，包括动画。

1．将选定的对象转换为元件

（1）在舞台工作区中选中一个或多个元素，并进行下列操作之一。

① 选择"修改"→"转换为元件"选项。

② 将选中元素拖曳到"库"面板中。

③ 右击，在弹出的快捷菜单中选择"转换为元件"选项。

（2）弹出"转换为元件"对话框，设置元件名称并选择行为。

（3）在注册网格中单击，以便放置元件的注册点。

（4）单击"确定"按钮。

Flash 会将该元件添加到库中。舞台工作区中选中的元素会变为该元件的一个实例。创建元件后，可以通过选择"编辑"→"编辑元件"选项以在元件编辑模式下编辑该元件，也可以通过选择"编辑"→"在当前位置编辑"选项以在舞台工作区的上下文中编辑该元件。用户也可以更改元件的注册点。

2．创建空元件

（1）创建空元件时，可进行下列操作之一。

① 选择"插入"→"新建元件"选项。

② 单击"库"面板左下角的"新建元件"按钮 ▣。

③ 在"库"面板中，选择"库"→"新建元件"选项，如图 3-2 所示。

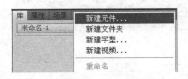

图 3-2　选择新建元件

（2）弹出"创建新元件"对话框，设置元件名称并选择类型。

（3）单击"确定"按钮。

Flash 会将该元件添加到库中，并切换为元件编辑模式。在元件编辑模式下，元件的名称将出现在舞台工作区中左上角，并由一个十字光标指示该元件的注册点。

（4）要创建元件内容，可使用时间轴或绘画工具绘制、导入介质或创建其他元件的实例。

（5）若要返回到文档编辑模式，可进行下列操作之一。

① 单击"返回"按钮。

② 选择"编辑"→"编辑文档"选项。

③ 在编辑栏中单击场景名称。

在创建元件时，注册点位于元件编辑模式下的窗口的中心。可以将元件内容放置在与注册点相关的窗口中。若要更改注册点，则在编辑元件时，应相对于注册点移动元件内容。

3．将动画转换为影片剪辑元件

若要在舞台工作区中重复使用一个动画序列或将其作为一个实例来进行操作，则应选中该动画序列并将其另存为影片剪辑元件。

（1）在主时间轴上，选择想使用的舞台工作区中动画的每一层中的每一帧。

（2）复制帧，可进行以下操作之一。

① 右击任何选中的帧，在弹出的快捷菜单中选择"复制帧"选项。若要在将该序列转换为影片剪辑之后删除，则应选择"剪切"选项。

② 选择"编辑"→"时间轴"→"复制帧"选项。若要在将该序列转换为影片剪辑之后删除，则应选择"剪切帧"选项。

（3）取消选中所选内容并确保没有选中舞台工作区中的任何内容，选择"插入"→"新建元件"选项。

（4）为元件命名，"类型"选择"影片剪辑"，单击"确定"按钮。

（5）在时间轴上，选中第 1 层上的第 1 帧，然后选择"编辑"/"时间轴"/"粘贴帧"。

此操作将把您从主时间轴复制的帧（以及所有图层和图层名）都粘贴到该影片剪辑元件的时间轴上。所复制的帧中的所有动画、按钮或交互性操作现在已成为一个独立的动画（影片剪辑元件），用户可以重复使用它。

3.1.6　复制元件

通过重制元件，可以现有元件作为创建元件的起始点。

1．使用"库"面板复制元件

在"库"面板中选中元件并右击，在弹出的快捷菜单中选择"直接复制"选项。

2．通过选择实例来复制元件

（1）在舞台工作区中选中该元件的一个实例。

（2）选择"修改"→"元件"→"重制元件"选项，该元件会被重制，且原来的实例也会被重制元件的实例代替。

3.1.7　编辑元件

编辑元件时，Flash 会更新文件中该元件的所有实例。可以通过以下方式编辑元件。

1．在当前位置编辑元件

（1）可进行下列操作之一。

① 在舞台工作区中双击该元件的一个实例。

② 在舞台工作区中选中元件的一个实例并右击，在弹出的快捷菜单中选择"在当前位置编辑"选项。

③ 在舞台工作区中选中该元件的一个实例，然后选择"编辑"/"在当前位置编辑"选项。

（2）编辑元件。

（3）要返回到文档编辑模式，可进行下列操作之一。

① 单击"返回"按钮 ⇦ 。

② 从编辑栏中的"场景"菜单中选择当前的场景名称。

③ 选择"编辑"→"编辑文档"选项。

④ 双击元件内容的外部。

2．在新窗口中编辑元件

（1）在舞台工作区中选中该元件的一个实例并右击，在弹出的快捷菜单中选择"在新窗口中编辑"选项。

（2）编辑元件。

（3）若要更改注册点，可在舞台工作区中拖曳该元件，此时，十字光标会表明注册点的位置。

（4）单击右上角的"关闭"按钮来关闭新窗口，在主文档窗口中单击以返回到主文档的编辑模式。

3．在元件编辑模式下编辑元件

（1）选中元件，可进行下列操作之一。

① 双击"库"面板中的元件图标。

② 在舞台工作区中选中该元件的一个实例并右击，在弹出的快捷菜单中选择"编辑"选项。

③ 在舞台工作区中选中该元件的一个实例，选择"编辑"→"编辑元件"选项。

④ 在"库"面板中选中该元件，在"库"面板菜单中选择"编辑"选项，或者右击"库"面板中的元件，在弹出的快捷菜单中选择"编辑"选项。

（2）编辑元件。

（3）要返回到文档编辑状态，可进行下列操作之一。

① 单击"返回"按钮 ⇦ 。

② 选择"编辑"→"编辑文档"选项。

③ 单击舞台工作区上方编辑栏中的场景名称。

④ 双击元件内容的外部。

3.1.8 3种类型元件的比较

影片剪辑元件和图形元件都可以制作动画，且都可以播放。具体而言，影片剪辑元件可以自动播放，且不加动作控制时会无限循环播放，但图形元件不行，它要求放置图形元件的时间轴有足够多的帧，例如，在图形中定义了一段动画，共计 20 帧，但放置图形的时间轴中只有 3 帧，那么，这个图形元件在主场景中就只会播放 3 帧。按钮元件独特的 4 帧时间轴并不自动播放，而只是响应鼠标事件。

影片剪辑元件和按钮元件的实例上都可以加入动作语句，图形元件的实例上则不能；影片剪辑元件中的关键帧可以加入动作语句，按钮元件和图形元件则不能。

影片剪辑元件和按钮元件中都可以加入声音，图形元件则不能。

影片剪辑元件在场景中按 Enter 键测试时看不到实际播放效果，只能在各自的编辑环境中观看效果，而图形元件在场景中可适时观看，可以实现所见即所得的效果。

3 种元件在舞台工作区中的实例都可以在"属性"面板中相互改变其行为，也可以相互交换实例。

影片剪辑中可以嵌套另一个影片剪辑元件，图形元件中也可以嵌套另一个图形元件，但是按钮元件中不能嵌套另一个按钮元件。

3.2 实 例

元件从库中进入舞台工作区就被称为该元件的实例。

从库中把"元件 1"向场景中拖曳 5 次，舞台工作区中就有了"元件 1"的 5 个实例。

3.2.1 创建实例

（1）在"时间轴"面板中选中某个图层，Flash 只可以将实例放在关键帧中，并且总在当前图层中。

注：关键帧是用于定义动画中的变化的帧。

（2）选择"窗口"→"库"选项。

（3）将该元件从库中拖曳到舞台工作区中。

3.2.2 编辑实例

1．编辑实例属性

每个元件实例都有独立于该元件的属性。可以更改实例的色调、透明度和亮度；也可以倾斜、旋转或缩放实例，这并不会影响元件。

2．修改实例的颜色和透明度

每个元件实例都可以有自己的色彩效果。要设置实例的颜色和透明度，可使用"属性"面板，具体操作步骤如下。

（1）在舞台工作区中选中该实例，选择"窗口"→"属性"选项。

（2）在"属性"面板中，在"色彩效果"的"样式"下拉列表中选择某一样式，如图 3-3 所示。

图 3-3 "样式"下拉列表

① 亮度：调节图像的相对亮度或暗度，度量范围从黑(-100%)到白(100%)。若要调整亮度，可拖曳"亮度"滑块，或者在其文本框中输入一个值，如图 3-4 所示。

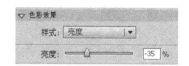

图 3-4 设置亮度

② 色调：使用相同的色相为实例着色，如图 3-5 所示。若要设置色调百分比［从透明(0%)到完全饱和(100%)］，可拖曳"色调"滑块，或者在文本框中输入一个值。若要选择颜色，可在"红"、"绿"和"蓝"文本框中输入数值；或者单击颜色块，在弹出的拾色器中选择一种颜色。

图 3-5 设置色调

③ Alpha：调节实例的透明度，调节范围从透明(0%)到完全饱和(100%)，如图 3-6 所示。若要调整 Alpha 值，可拖曳"Alpha"滑块，或者在其文本框中输入一个值。

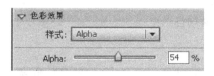

图 3-6 设置透明度

④ 高级：分别调节实例的红色、绿色、蓝色和透明度值，如图 3-7 所示。对于在位图对象中创建和制作具有微妙色彩效果的动画，此选项非常有用。其左侧的控件可以按指定的百分比降低颜色或透明度的值，右侧的控件可以按常数值降低或增大颜色或透明度的值。

3．将一个实例与另一个实例交换

要在舞台工作区中显示不同的实例，并保留所有的原始实例属性（如色彩效果），可为实例分配不同的元件。

图 3-7　"高级"样式

4．为实例分配不同的元件

（1）在舞台工作区中选中该实例，选择"窗口"→"属性"选项。

（2）在"属性"面板中，单击"交换"按钮。

（3）选择一个元件以替换当前分配给实例的元件。

5．替换元件的所有实例

在"库"面板中，将与待替换元件同名的元件拖曳到正在编辑的 FLA 文件的"库"面板中，选中"替换现有项目"单选按钮，如图 3-8 所示。

6．更改实例的类型

若要在 Flash 中重新定义实例的行为，可更改其类型。例如，如果一个图形实例包含用户想要独立于主时间轴播放的动画，则可以将该图形实例重新定义为影片剪辑实例，具体操作步骤如下。

（1）在舞台工作区选中该实例，选择"窗口"→"属性"选项。

（2）在"属性"面板中，选择"图形"、"按钮"或"影片剪辑"元件类型，如图 3-9 所示。

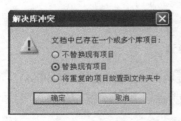

图 3-8　替换现有项目

图 3-9　选择元件类型

7．分离实例元件

分离实例就是将实例打散，使实例与元件之间不再有联系，完全打散后的实例变为形状，可以对其进行任意修改，而不会影响原有的实例与元件。

选中如图 3-10 所示的元件实例，选择"修改"→"分离"选项或按 Ctrl+B 组合键，即可将该实例分离，分离后的效果如图 3-11 所示。

图 3-10　分离前的效果

图 3-11　分离后的效果

3.3　库 的 操 作

库有两种：一种是用户库，即"库"面板，用于存放用户创建 Flash 动画时的元件；另一种是 Flash CS6 提供的"公用库"，用于存放 Flash CS6 提供的元件。

根据存放元件的种类，"公用库"分为按钮、学习交互和类 3 种。

选择"窗口"→"库"选项，弹出"库"面板，如图 3-12 所示。选择"窗口"→"公用库"→"××"选项，弹出相应的公用库面板。例如，选择"窗口"→"公用库"→"按钮"选项，弹出"库-Buttons.fla"面板，如图 3-13 所示。

图 3-12　"库"面板

图 3-13　公用库之一

"库"面板菜单如图 3-14 所示。

图 3-14　"库"面板菜单

3.3.1　使用库

1．在另一个 Flash 文件中打开库

（1）在当前文件中选择"文件"→"导入"→"打开外部库"选项。

（2）定位到要打开的库所在的 Flash 文件，单击"打开"按钮。

所选文件的库在当前文件中打开，并在"库"面板顶部显示文件名。若要在当前文件中使用所选文件的库中的项目，则可将这些项目拖曳到当前文件的"库"面板或舞台工作区中。

2．在"库"面板中使用文件夹

用户可以在"库"面板中使用文件夹来组织项目。当创建一个新元件时，它会存储在选中的文件夹中。如果没有选中文件夹，则该元件就会存储在库的根目录中。

3．创建新文件夹

单击"库"面板底部的"新建文件夹"按钮 。

4．展开或折叠文件夹

双击文件夹，或选中文件夹，在"库"面板的面板菜单中选择"展开文件夹"或"折叠文件夹"选项，如图 3-15 所示。

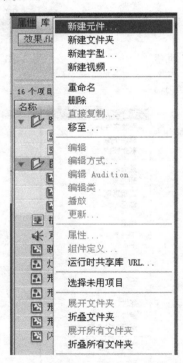

图 3-15　展开或折叠文件夹

5．展开或折叠所有文件夹

在"库"面板的菜单中选择"展开所有文件夹"或"折叠所有文件夹"选项。

6．在文件夹之间移动项目

可将项目从一个文件夹拖曳到另一个文件夹中。如果新位置中存在同名项目，则 Flash 会提示用移动的项目替换原有的项目。

7．使用公用库

用户可以使用 Flash 附带的范例公用库向文件中添加按钮或声音，还可以创建自定义公用库，再与创建的任意文件一起使用，具体操作步骤如下。

（1）选择"窗口"→"公用库"选项，在弹出的子菜单中选择一种库。

（2）将项目从公用库拖曳到当前文件的库中。

3.3.2　使用库项目

当选择"库"面板中的项目时，"库"面板的顶部会出现该项目的缩略图预览。如果选中项目是动画或者声音文件，则可以使用库预览窗口或"控制器"中的"播放"按钮预览该项目。

1．在当前文件中使用库项目

将项目从"库"面板中拖曳到舞台工作区中，该项目即会添加到当前图层中。

2．将舞台工作区中的对象转换为库中的元件

将项目从舞台工作区中拖曳到当前"库"面板中。

3．在另一个文件中使用当前文件中的库项目

将项目从"库"面板或舞台工作区中拖曳到另一个文件的"库"面板或舞台工作区中。

4．从另一个文件中复制库项目

（1）选择包含这些库项目的文件。

（2）在"库"面板中选择库项目。

（3）选择"编辑"→"复制"选项。

（4）选择要复制这些库项目的目标文件。

（5）在该文件的"库"面板中，选择"编辑"→"粘贴"选项。

5．编辑库项目

（1）在"库"面板中选中项目。

（2）在"库"面板的菜单中选择下列一项。

① 若要在 Flash 中编辑项目，则应选择"编辑"选项。

② 若要在其他应用程序中编辑项目，则应选择"编辑方式"选项，并选择一个外部应用程序。

6．重命名库项目

更改导入文件的库项目名称并不会更改该文件名。

重命名库项目可进行下列操作之一。

① 双击项目名称。

② 选中项目，在"库"面板的菜单中选择"重命名"选项。

③ 右击项目，在弹出的快捷菜单中选择"重命名"选项。

7．删除库项目

选中项目，单击"库"面板底部的垃圾桶图标即可删除对象。

在库中删除某个项目时，也会从文件中删除该项目的所有实例或匹配项。

8．查找未使用的库项目

若要组织文件，可以查找未使用的库项目并将其删除。查找未使用的项目有如下两种方法。

① 在"库"面板的菜单中选择"选择未用项目"选项。

② 根据"使用次数"列对库项目进行排序，该列指示了某个库项目的使用次数，如图 3-16 所示。

图 3-16　库项目的使用次数

3.4　按　　　钮

按钮的操作方法和使用详见后续章节的介绍。

3.5　实　　　训

3.5.1　实训 1：绘制足迹

1．制作三个脚印的图形元件

（1）新建一个 Flash 文件，设置舞台工作区背景色为黑色。

（2）选择"文件"→"导入"→"导入到库"选项，把本书素材中"第 3 章元件、实例和库"→"素材"→"成人脚印"图片导入到库中，并依次导入"小孩脚印"和"小狗脚印"。

（3）选择"插入"→"新建元件"选项，弹出"创建新元件"对话框，相关的设置如图 3-17 所示。此时，"库"面板中多了一个"成人脚印"的图形元件，如图 3-18 所示。在"属性"面板中，设置图片的大小和位置，如图 3-19 所示，效果如图 3-20 所示。

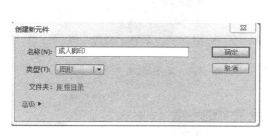

图 3-17　"创建新元件"对话框　　　**图 3-18　"库"面板中的"成人脚印"元件**

图 3-19　设置元件属性

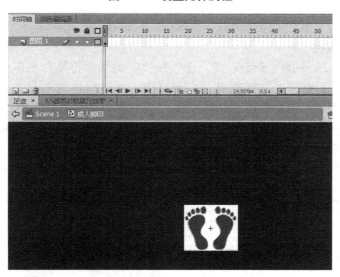

图 3-20　元件编辑效果

（4）选中舞台工作区中的图片，选择"修改"→"分离"选项，使用套索工具 在图片中单击，工具栏中出现魔术棒工具 ，使用魔术棒工具在图片背景色上单击，按 Delete 键，白色背景被删除，如图 3-21 所示。

（5）使用橡皮擦工具 擦除多余内容，只剩下脚印，如图 3-22 所示。

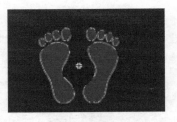

图 3-21　使用魔术棒工具处理后的脚印效果　　　图 3-22　最终的脚印效果

（6）以同样的方法创建"小孩脚印"和"小狗脚印"2 个图形元件。这样，"库"面板中就有 3 个元件，如图 3-23 所示。

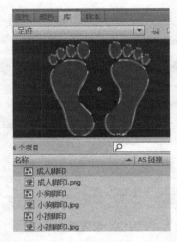

图 3-23　"库"面板中的 3 个元件

2. 制作足迹效果

（1）选中图 3-24 中的"Scene 1"，在"属性"面板中将舞台工作区设置为白色。从库中拖曳多个"成人脚印"元件到舞台工作区中，并使用任意变形工具  调整脚印的大小和方向。为了使脚印有渐渐变淡的效果，选中要变淡的脚印，打开"属性"面板，在"色彩效果"的"样式"中选择"Alpha"，根据需要把 Alpha 的百分比值设置得小一些，如图 3-25 所示。成人足迹的最终效果如图 3-26 所示。

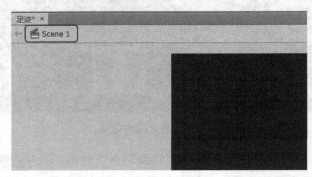

图 3-24　Scene 1

图 3-25 设置 Alpha 的百分比值

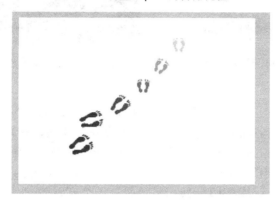

图 3-26 成人足迹的最终效果

（2）以同样的方法制作"小孩脚印"和"小狗脚印"，最终效果如图 3-27 所示。

图 3-27 "小孩脚印"和"小狗脚印"效果

3.5.2 实训 2：绘制星空

1．制作夜空

（1）新建一个 Flash 文件，设置舞台工作区的大小为 550 像素×440 像素。

（2）在"颜色"面板中，设置蓝色到深蓝色的线性渐变，如图 3-28 所示。

（3）使用矩形工具█绘制一个由蓝色到深蓝色有线性渐变效果的矩形，使用渐变变形工具█调整渐变方向，夜空背景效果如图 3-29 所示。

图 3-28　设置渐变色　　　　　　　图 3-29　夜空背景效果

2．制作星星

（1）制作图形元件"星星 1"。新建图形元件，将其命名为"星星 1"，在元件的舞台工作区中，使用椭圆工具绘制一个淡蓝色到蓝色径向渐变的、扁扁的、没有边框的椭圆，如图 3-30 所示。选中椭圆并复制 3 次，使用任意变形工具█对复制的第一个椭圆按顺时针方向旋转 90°，将复制出的第 2 个椭圆旋转 30°，将复制的第 3 个椭圆旋转 90°，效果如图 3-31（a）所示。使用椭圆工具在其上叠加一个圆，效果如图 3-31（b）所示。

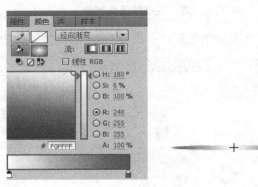

图 3-30　绘制并填充椭圆

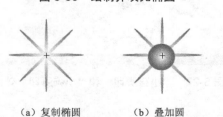

（a）复制椭圆　　　　（b）叠加圆

图 3-31　星星效果

（2）制作图形元件"星星 2"。使用多边形工具![图标]绘制一个五角星，其属性的具体设置和五角星效果如图 3-32 所示。

图 3-32　五角星的属性设置和效果

（3）制作星空。回到"Scene 1"舞台工作区，插入图层 2，并将其命名为"星星"，如图 3-33 所示。从"库"面板中拖曳多个"星星 1"和"星星 2"元件到"星星"图层中，也可使用"复制"、"粘贴"的方法添加多颗星星。使用任意变形工具![图标]调整星星的大小，也可选中某颗星星后，在其"属性"面板中改变星星的颜色和透明度，如图 3-34 所示，使星空变得更漂亮，效果如图 3-35 所示。

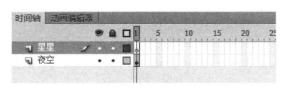

图 3-33　图层效果　　　　　　　　　图 3-34　改变星星的颜色和透明度

图 3-35　星空效果

（4）为使星空背景更加丰富，可以使用套索工具 在图层 1 中的矩形底部选择一个不规则波纹的闭合区域，并按 Delete 键删除选中区域，制造出雪堆的效果，如图 3-36 所示。

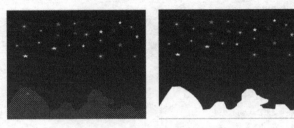

图 3-36　雪堆的效果

3.6　练　习

请灵活应用元件制作一棵有多种饰品的圣诞树。

第 4 章　动 画 制 作

⊘ 本章学习任务

本章是 Flash 动画制作的重点章节，主要介绍动画技术的方法和技巧。
- ➢ 时间轴和帧的基本操作
- ➢ 制作逐帧动画
- ➢ 制作形状补间动画
- ➢ 制作传统补间动画
- ➢ 制作补间动画
- ➢ 制作遮罩动画
- ➢ 制作引导层动画
- ➢ 关节运动和变形
- ➢ 更改动画的缓动
- ➢ 形状控制点的使用
- ➢ 动画预设
- ➢ 场景的使用

4.1　时间轴与帧的基本操作

时间轴是进行 Flash 动画创作的核心部分。影片的制作是改变连续帧中内容的过程，时间轴中不同的帧代表不同的时间，包含不同的对象，影片中的画面随着时间的变化逐个出现。

4.1.1　使用时间轴

"时间轴"面板由图层、帧和播放头组成，如图 4-1 所示，影片的进度通过帧来控制。"时间轴"面板从形式上可以分为两部分：左侧的图层操作区和右侧的帧操作区。时间轴的上端标有帧号，播放头标识了当前帧的位置，帧使用小格符号来标示，关键帧带有一个黑色的圆点。在帧与帧之间可以产生逐帧动画、运动补间动画和形状补间动画等。

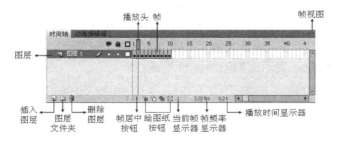

图 4-1　"时间轴"面板

① 弹出或关闭"时间轴"面板：选择"窗口"→"时间轴"选项。

② 展开/折叠时间轴：单击时间轴左上角的三角形按钮。

③ 播放头：指示在舞台工作区中当前显示的帧。

④ 帧视图弹出菜单：单击此按钮，弹出其菜单，可以设置时间轴的显示外观。

⑤ 帧居中：把当前的帧移动到时间轴的中间，以方便操作。

⑥ 绘图纸外观：同时查看当前帧与前后若干帧中的内容，以方便前后多帧对照编辑。

⑦ 帧频：动画播放的速率，即每秒播放的帧数。可以在文件的"属性"面板中进行设置，默认值为 24fps。

4.1.2　帧的概念

人类具有视觉暂留的特点，即人眼看到物体或画面后，在 1/24s 内不会消失。利用这一原理，在一幅画没有消失之前播放下一幅画，就会形成流畅的视觉变化效果。所以，通过连续播放一系列静止画面，给视觉造成连续变化的效果，就形成了动画。

在 Flash CS6 中，这一系列单幅的画面称为帧，它是 Flash CS6 动画中最小时间单位中出现的画面。每秒显示的帧数称为帧频，帧频太小时会给人视觉上不流畅的感觉。所以，按照人的视觉原理，一般将动画的帧频设为 24fps。

4.1.3　使用帧

影片中的每个画面在 Flash 中被称为帧，帧是 Flash 动画制作中最基本的单位。在各个帧中放置图形、文字、声音等素材或对象，多个帧按照先后次序以一定速率连续播放就形成了动画。Flash 中的帧按照功能的不同可以分为 3 种：关键帧、空白关键帧和普通帧，如图 4-2 所示。

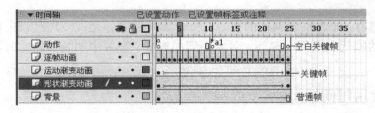

图 4-2　帧

（1）关键帧：有内容的帧，显示为实心圆。当创建逐帧动画时，每个帧都是关键帧。补间动画中只需在动画发生变化的位置定义关键帧，Flash 会自动创建关键帧之间的帧内容。此时，两个关键帧之间由箭头相连。

（2）空白关键帧：没有内容的帧，显示为空心圆。

（3）普通帧：用于延长播放时间的帧，每帧的内容与其前面的关键帧相同。

关键帧上有小写字母 a，表示此帧添加了 ActionScript 语句。

关键帧上有小红旗，表示此帧设置了标签或注释。

1．插入帧

（1）插入关键帧。

在动画要发生变化的位置插入关键帧，可使用以下方法之一。

① 在时间轴中选中一帧，按 F6 键。

② 右击时间轴上的某个帧，在弹出的快捷菜单中选择"插入关键帧"选项。

③ 在时间轴上选中一帧，选择"插入"→"时间轴"→"关键帧"选项。

（2）插入空白关键帧。

在给图层添加新的关键帧时，前面关键帧中的内容会自动出现在工作区中，如果不想在新关键帧中出现前面关键帧中的内容，则可以采用插入空白关键帧的方法。

① 在时间轴上选中一帧，按 F7 键。

② 右击时间轴上的某个帧，在弹出的快捷菜单中选择"插入空白关键帧"选项。

③ 在时间轴上选中一帧，选择"插入"→"时间轴"→"空白关键帧"选项。

（3）插入普通帧。

当制作动画时，如果需要将一幅静止图像延续多帧，则可以添加普通帧，用于将最后一个关键帧的内容扩展到多个帧中。

在动画要发生变化的位置插入普通帧，可采用以下方法之一。

① 在时间轴上选中一帧，按 F5 键。

② 右击时间轴上的某个帧，在弹出的快捷菜单中选择"插入帧"选项。

③ 在时间轴上选中一帧，选择"插入"→"时间轴"→"帧"选项。

2．选中帧

① 选中一个帧：单击该帧。

② 选中多个连续的帧：按住 Shift 键并单击其他帧。

③ 选中多个不连续的帧：按住 Control 键并单击其他帧。

3．删除帧

选择要删除的帧或帧序列后右击，在弹出的快捷菜单中选择"删除帧"选项。

4．移动帧

选中要移动的帧或在帧序列后按住鼠标左键，将其拖曳到所需的位置即可。

5．修改帧的持续时间

要延长关键帧的持续时间，可按住 Alt 键将该关键帧拖曳到持续时间的最后一帧。

要更改补间动画的长度，可将开始关键帧或结束关键帧向左或向右拖曳。

6．复制帧

（1）使用鼠标拖曳的方法复制帧：选中要移动的帧或帧序列，按住 Alt 键将其拖曳到新位置。

（2）使用菜单的方法复制帧。

① 选中要移动的帧或帧序列。

② 选择"编辑"→"时间轴"→"复制帧"选项。

③ 选择要粘贴的位置。

④ 选择"编辑"→"时间轴"→"粘贴帧"选项。

4.2　关于帧频

帧频是动画播放的速度，以每秒播放的帧数（fps）为度量单位。帧频太小会使动画看起来一顿一顿的，帧频太大会使动画的细节变得模糊。24fps 的帧频是 Flash 文件的默认设置，可在 Web 中提供最佳效果。标准的动画速率也是 24fps。

动画的复杂程度和播放动画的计算机的速度会影响回放的流畅程度。若要确定最佳帧

频，请在各种不同的计算机上测试动画。

因为只给整个 Flash 文档指定一个帧频，因此请在开始创建动画之前先设置帧频。

4.3 在时间轴中标识动画

Flash 通过在包含内容的每个帧中显示不同的指示符来区分时间轴中的逐帧动画和补间动画。

下列帧内容指示符显示在时间轴中。

一段具有蓝色背景的帧表示补间动画，如图 4-3 所示。其中，第 1 帧中的黑点表示补间范围分配有目标对象，黑色菱形表示最后一帧和其他属性关键帧。属性关键帧是包含由用户显式定义的属性更改的帧。可以选择显示哪些类型的属性关键帧，方法是右击补间动画范围，在弹出的快捷菜单中选择"查看关键帧"选项。

默认情况下，Flash 显示所有类型的属性关键帧，范围中的所有其他帧都包含目标对象的补间属性的插补值。

图 4-3 标识动画

第 1 帧中的空心点表示补间动画的目标对象已删除，如图 4-4 所示。补间范围仍包含其属性关键帧，并可应用新的目标对象。

图 4-4 帧上的空心点

一段具有绿色背景的帧表示反向运动（Inverse Kinematics，IK）姿势图层，如图 4-5 所示。姿势图层包含 IK 骨架和姿势。每个姿势在时间轴中显示为黑色菱形。Flash 在姿势之间插入帧中骨架的位置。

图 4-5 反向运动姿势图层

带有黑色箭头和蓝色背景的起始关键帧处的黑色圆点表示传统补间，如图 4-6 所示。

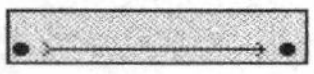

图 4-6 传统补间

虚线表示传统补间是断开或不完整的，例如，当最后的关键帧已丢失时，如图 4-7 所示。

图 4-7 断开或不完整的传统补间

带有黑色箭头和淡绿色背景的起始关键帧处的黑色圆点表示补间形状，如图 4-8 所示。

图 4-8　补间形状

一个黑色圆点表示一个关键帧。单个关键帧后面的浅灰色帧包含无变化的相同内容，这些帧带有垂直的黑色线条，而在整个范围的最后一帧中还有一个空心矩形，如图 4-9 所示。

图 4-9　灰色帧包含无变化的相同内容

若出现一个小 a，则表示已使用"动作"面板为该帧分配了一个帧动作，如图 4-10 所示。

图 4-10　已分配帧动作

红色的小旗表示该帧包含一个标签，如图 4-11 所示。

图 4-11　帧标签

绿色的双斜杠表示该帧包含注释，如图 4-12 所示。

图 4-12　帧注释

金色的锚记表示该帧是一个命名锚记，如图 4-13 所示。

图 4-13　命名锚记

4.4　动画的类型

Flash CS6 提供了多种方法来创建动画和特殊效果。这些方法为用户创作精彩的动画内容提供了多种可能。

Flash 支持以下类型的动画。

（1）逐帧动画：使用此动画技术，可以为时间轴中的每个帧指定不同的艺术作品。使用此技术可创建与快速连续播放的影片帧类似的效果。对于每个帧的图形元素必须不同的复杂动画而言，此技术非常有用。

（2）形状补间动画：在形状补间中，可在时间轴的特定帧中绘制一个形状，再更改该形状或在另一个特定动画帧绘制一个形状，Flash 将内插中间帧的中间形状，创建一个形状变形为另一个形状的动画。

（3）传统补间动画：传统补间与补间动画类似，但是创建起来更复杂。传统补间允许一些特定的动画效果，使用基于范围的补间无法实现这些效果。

（4）补间动画：使用补间动画可设置对象的属性，如一个帧以及另一个帧的位置和透明度。Flash 在中间内插帧的属性值。对于由对象的连续运动或变形构成的动画，补间动画很有用。补间动画在时间轴中显示为连续的帧范围，默认情况下可以作为单个对象进行选择。补间动画功能强大，易于创建。

（5）反向运动动画：反向运动用于伸展、弯曲形状对象及链接元件实例组，使它们以自然方式一起移动。可以在不同帧中以不同方式放置形状对象或链接的实例，Flash 将在中间内插帧中的位置。

4.5　制作基本动画

补间是通过为一个帧中的对象属性指定一个值并为另一个帧中的相同属性指定另一个值来创建的动画。Flash 计算这两个帧之间该属性的值。术语"补间"（tween）就来源于词"中间"（in between）。

例如，可以在时间轴第 1 帧的舞台工作区左侧放置一个影片剪辑，并将该影片剪辑移动到第 20 帧的舞台工作区右侧。在创建补间时，Flash 将计算指定的右侧和左侧这两个位置之间的舞台工作区中影片剪辑的所有位置。最后会得到这样的动画：影片剪辑从第 1 帧至第 20 帧，从舞台工作区的左侧移动到右侧。在中间的每个帧中，Flash 将影片剪辑在舞台工作区中移动 1/20 的距离。

补间范围是时间轴中的一组帧，其舞台上对象的一个或多个属性可以随着时间而改变。补间范围在时间轴中显示为具有蓝色背景的单个图层中的一组帧。可将这些补间范围作为单个对象进行选择，并从时间轴中的一个位置移动到另一个位置，包括移动到另一个图层。在每个补间范围中，只能对舞台工作区中的一个对象进行动画处理。此对象称为补间范围的目标对象。

属性关键帧是在补间范围中为补间目标对象显式定义一个或多个属性值的帧。用户定义的每个属性都有自己的属性关键帧。如果在单个帧中设置了多个属性，则其中每个属性的属性关键帧会驻留在该帧中。可以在动画编辑器中查看补间范围的每个属性及其属性关键帧，还可以从补间范围上下文菜单中选择可在时间轴中显示的属性关键帧的类型。

提示：从 Flash CS4 开始，"关键帧"和"属性关键帧"的概念有所变化。术语"关键帧"是指时间轴中其元件实例首次出现在舞台工作区中的帧。Flash CS4 中引入的单独术语"属性关键帧"是指在补间动画中的特定时间或帧中定义的属性值。

如果补间对象在补间过程中更改其舞台工作区中位置，则补间范围具有与之关联的运动路径。此运动路径显示补间对象在舞台工作区中移动时所经过的路径。可以使用部分选取、转换锚点、删除锚点和任意变形等工具以及"修改"菜单中的选项编辑舞台工作区中的运动路径。如果不是对位置进行补间，则舞台工作区中不显示运动路径。也可以将现有路径作为运动路径进行应用，方法是将该路径粘贴到时间轴中的补间范围上。

补间动画是一种在最大限度地降低文件大小的同时创建随时间移动和变化的动画的有效方法。在补间动画中，只有用户指定的属性关键帧的值存储在 FLA 文件和发布的 SWF 文件中。

4.5.1　逐帧动画

逐帧动画是一种常见的动画形式，其原理是在"连续的关键帧"中分解动画动作，也就是在时间轴的每帧中绘制不同的内容，使其连续播放而形成动画。

逐帧动画的帧序列内容不一样，这不但给制作增加了负担，而且最终输出的文件也很大，但其优势也很明显：逐帧动画具有非常大的灵活性，几乎可以表现任何想表现的内容，且其类似于电影的播放模式，适用于表演细腻的动画。例如，人物或动物急剧转身、头发及衣服的飘动、走路、说话及精致的 3D 效果等。

创建逐帧动画的方法如下。

（1）用导入的静态图片建立逐帧动画：将 JPG、PNG 等格式的静态图片连续导入到 Flash 中，就会建立一段逐帧动画。

（2）绘制矢量逐帧动画：用鼠标或压感笔在场景中一帧一帧地画出帧内容。

（3）文字逐帧动画：将文字作为帧中的元件，实现文字跳跃、旋转等特效。

（4）指令逐帧动画：在"时间轴"面板中，逐帧写入动作脚本语句来完成元件的变化。

（5）导入序列图像：可以导入 GIF 序列图像、SWF 动画文件或者利用第三方软件（如 Swift 3D 等）产生动画序列。

4.5.2　形状补间动画

1．形状补间动画的概念

在一个关键帧中绘制一个形状，再在另一个关键帧中更改该形状或绘制另一个形状，Flash 根据二者之间的帧的值或形状来创建的动画被称为"形状补间动画"。

2．构成形状补间动画的元素

形状补间动画可以实现两个图形之间颜色、形状、大小、位置的相互变化，其变形的灵活性介于逐帧动画和传统补间动画之间，使用的元素多为用鼠标或压感笔绘制出的形状，如果使用图形元件、按钮、文字，则必须先"打散"才能创建变形动画。

3．形状补间动画在"时间轴"面板中的表现

形状补间动画建好后，"时间轴"面板的背景色变为淡绿色，在起始帧和结束帧之间有一个长长的箭头，如图 4-14 所示。

图 4-14　形状补间动画在"时间轴"面板中的表现

4．创建形状补间动画的方法

在"时间轴"面板中动画开始播放的地方创建或选择一个关键帧并设置要开始变形的形状，一般一个帧中以一个对象为好，在动画结束处创建或选择一个关键帧并设置要变成的形状，再单击起始帧（或者第二个关键帧之前的任意一帧），选择"插入"→"补间形状"选项，此时，时间轴的变化如图 4-14 所示，一个形状补间动画就创建完毕了。

5．认识形状补间动画的"属性"面板

Flash 的"属性"面板随鼠标选中对象的不同而发生相应的变化。当建立了一个形状补间动画后，选中某帧，其"属性"面板如图4-15所示。

（1）"缓动"选项：单击其右侧的 0 按钮，可以在文本框中输入具体的数值，设置后，形状补间动画会随之发生相应的变化（也可以用上下方向键改变文本框中的数值）。

① 值为-100～-1时，动画运动的速度从快到慢，向运动结束的方向加速补间，相当于从空中向下投掷东西，下落速度越来越快。

② 值为1～100时，动画运动的速度从快到慢，向运动结束的方向减慢补间，相当于向空中投掷东西，上升速度越来越慢。

默认情况下，补间帧之间的变化速率是不变的。

（2）"混合"下拉列表："混合"下拉列表如图4-16所示，其中有两项供用户选择。

图4-15　帧的"属性"面板

图4-16　"混合"下拉列表

① "角形"选项：创建的动画的中间形状会保留明显的角和直线，适用于具有锐化转角和直线的混合形状。

② "分布式"选项：创建的动画的中间形状比较平滑和不规则。

6. 使用形状提示

形状补间动画看似简单，实则不然，Flash 在"计算"两个关键帧中图形的差异时，远不如人们想象的"聪明"，尤其是前后图形差异较大时，变形结果会更差，此时，"形状提示"功能会大大改善这一情况。

（1）形状提示的作用。

在"起始形状"和"结束形状"中添加相对应的"参考点"，使Flash在计算变形过渡时以一定的规则进行，从而比较有效地控制变形过程。

（2）添加形状提示的方法。

选中形状补间动画的起始帧，选择"修改"→"形状"→"添加形状提示"选项，该

未加形状提示　　添加形状提示后
　　　　　　　　未调整位置时的状态

调整位置后开　　调整位置后结束
始帧处变为黄色　　帧处变为绿色

图4-17　添加形状提示

帧的形状中就会增加一个带字母的红色圆圈，相应地，结束帧的形状中也会出现一个"提示圆圈"，单击并分别将这两个"提示圆圈"拖曳适当位置，拖曳成功后起始帧中的"提示圆圈"变为黄色，结束帧中的"提示圆圈"变为绿色，拖曳不成功或不在一条曲线上时，"提示圆圈"颜色不变，如图4-17所示。

提示：在制作复杂的变形动画时，形状提示的添加和拖曳要多方位尝试，每添加一个形状提示，最好播放

一下变形效果，再对变形提示的位置做进一步的调整。

3）添加形状提示的技巧

（1）"形状提示"可以连续添加，最多能添加 26 个。可变形提示从形状的左上角开始按逆时针顺序摆放，将使变形提示更有效。

（2）形状提示的摆放位置也要符合逻辑顺序。例如，起点关键帧和终点关键帧中各有一个三角形，我们使用 3 个"形状提示"，如果它们在起点关键帧的三角形上的顺序为 abc，那么在终点关键帧的三角形上的顺序也必须是 abc。

（3）要删除所有的形状提示，可选择"修改"→"形状"→"删除所有提示"选项。删除单个形状提示时，可右击该形状提示，在弹出的快捷菜单中选择"删除提示"选项。

4.5.3 传统补间动画

传统补间动画（即动作补间动画）也是 Flash 中非常重要的表现手段之一，与形状补间动画不同的是，传统补间动画的对象必须是"元件"或"群组对象"。

运用传统补间动画，可以设置元件的大小、位置、颜色、透明度、旋转等属性，充分利用传统补间动画的这些属性，可以制作出令人眼花缭乱的动画效果。

1. 传统补间动画的概念

在一个关键帧中放置一个元件，在另一个关键帧中改变这个元件的大小、颜色、位置、透明度等，Flash 根据二者之间的帧的值创建的动画被称为传统补间动画。

2. 构成传统补间动画的元素

构成传统补间动画的元素是元件，包括影片剪辑、图形、按钮、文字、位图、组合等，但不能是形状，只有把形状"组合"或者转换为"元件"后才可以制作动作补间动画。

3. 传统补间动画在"时间轴"面板中的表现

传统补间动画建立后，"时间轴"面板的背景色变为淡紫色，在起始帧和结束帧之间有一个长长的箭头，如图 4-18 所示。

图 4-18 传统补间动画在"时间轴"面板中的表现

4. 创建传统补间动画的方法

在"时间轴"面板中动画开始播放的地方创建或选择一个关键帧并设置一个元件，一个帧中只能放一个项目，在动画要结束的地方创建或选择一个关键帧并设置该元件的属性，再选中开始帧（或者第 2 个关键帧之前的任意一个帧），选择"插入"→"传统补间"选项，一个传统补间动画就创建完毕了。

4.5.4 形状补间动画和传统补间动画的区别

形状补间动画和传统补间动画都属于补间动画，其前后都各有一个起始帧和结束帧，二者的区别如表 4.1 所示。

表 4.1　形状补间动画和传统补间动画的区别

区别之处	传统补间动画	形状补间动画
在"时间轴"面板中的表现	淡紫色背景加长箭头	淡绿色背景加长箭头
组成元素	影片剪辑、图形、按钮、文字、位图等	形状，如果使用图形、按钮、文字，则必先打散再变形
作用	实现一个元件的大小、位置、颜色、透明等的变化	实现两个形状之间的变化，或一个形状的大小、位置、颜色等的变化

4.5.5　补间动画

补间应用于元件实例和文本字段。当将补间应用于所有其他对象类型时，这些对象将包装在元件中。元件实例可包含嵌套元件，这些元件可在自己的时间轴中进行补间。

具体补间动画的制作方法请参阅本章实训部分。

4.5.6　案例 1：传统补间动画—旋转的风车

（1）新建一个 Flash 文件，将背景色设置为蓝色，在舞台工作区中绘制风车的车架部分，如图 4-19 所示。

图 4-19　绘制风车车架

（2）插入图层 2，选中图层 2，在图层 2 的舞台工作区中绘制风车扇叶，绘制完成后将扇叶转换为图形元件，如图 4-20 所示。

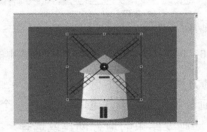

图 4-20　绘制风车扇叶

（3）在图层 1 的第 40 帧中按 F5 键插入一个帧；在图层 2 的第 40 帧中按 F6 键插入一个关键帧。选中图层 2 的第 1 帧并右击，在弹出的快捷菜单中选择"创建传统补间"选项，如图 4-21 所示。

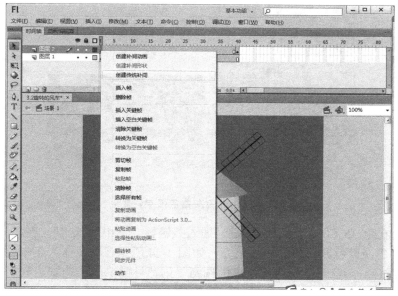

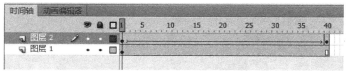

图 4-21　创建传统补间

（4）选中图层 2 的第 1~40 帧中的任意一帧，在其"属性"面板中，将"旋转"设为
"顺时针"，次数设为"4"，如图 4-22 所示。

图 4-22　设置旋转和次数

（5）保存并测试动画。

4.5.7　案例 2：形状补间动画——太阳东升和西沉

1．制作天空形状补间动画

（1）新建一个 Flash 文件，使用矩形工具，将其笔触颜色设置为"无"，填充色设
置为由黑色到白色的线性填充，绘制黎明时的天空背景。使用渐变变形工具，填充渐变
的方向为从上至下由黑色变为白色，适当改变渐变填充的范围，如图 4-23 所示。

115

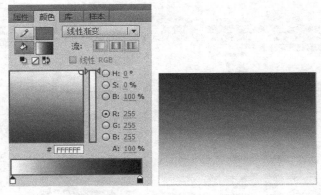

图 4-23 设置灰白色天空背景

（2）分别在第 45 和 90 帧中按 F6 键，插入关键帧。选中第 45 帧，在"颜色"面板中将填充色改为由淡蓝色到白色的线性填充，如图 4-24 所示，以此作为正午时的天空背景。选中第 1 帧并右击，在弹出的快捷菜单中选择"创建补间形状"选项，如图 4-25 所示，在第 45 帧中做同样的操作。

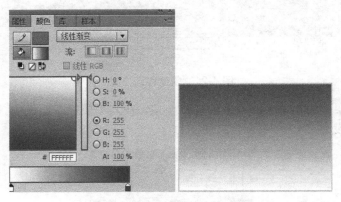

图 4-24 设置天蓝色天空背景

3．制作太阳东升和西沉形状补间动画

（1）锁定图层 1，新建图层 2，使用椭圆工具○，将其笔触颜色设置为"无"，填充色设置为红色，在图层 2 中绘制一个太阳，如图 4-27 所示。使用选择工具 ▶ 选中太阳，选中"修改"→"形状"→"柔化填充边缘"选项，弹出"柔化填充边缘"对话框，如图 4-26 所示，在"距离"文本框中输入"20 像素"，在"步长数"文本框中输入"20"，在"方向"项组栏中选中"扩展"单选按钮，将边缘效果设置为一个渐变效果，并调整到左侧适当位置。

（2）分别在第 15、30、45、60、75 和 90 帧中按"F6"功能键，插入关键帧。分别选中第 1、15、30、45、60、75、90 帧并右击，在弹出的快捷菜单中选择"创建形状补间"选项。选中第 15 帧，将太阳向右上方移动一小段距离，并使用任意变形工具 ▢ 进行适当缩小；在第 30、45 帧中做同样操作，但每一关键帧中太阳移动距离比前一关键帧大，太阳形状比前一关键帧小；第 60、75 帧中太阳的大小分别与第 30、15 帧相近，位置相对称；在第 90 帧中将太阳移动到右侧适当位置。每个关键帧中旭日的位置如图 4-28 所示。

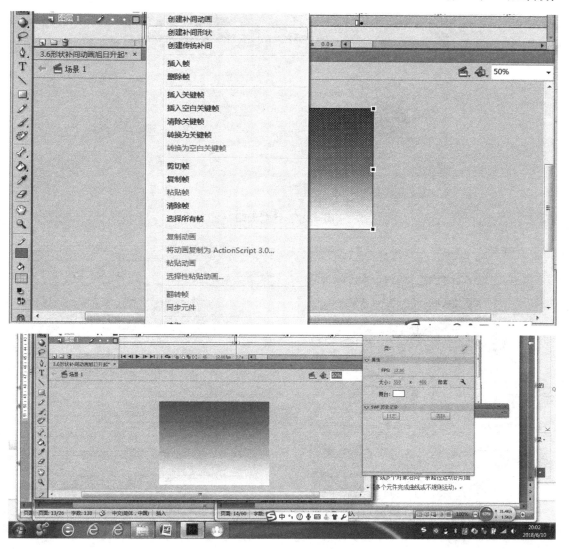

图 4-25 创建形状补间动画

图 4-26 "柔化填充边缘"对话框

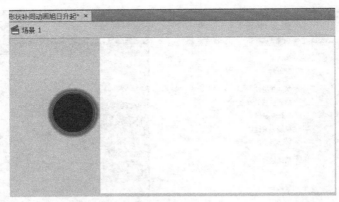

图 4-27　绘制太阳

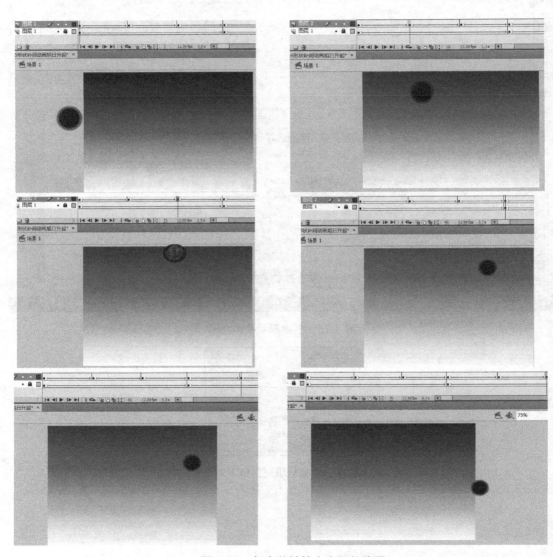

图 4-28　每个关键帧中太阳的位置

4．制作群山的形状补间动画

（1）锁定图层 2，新建图层 3，使用铅笔工具，在其选项栏中选择"平滑"选项，在"属性"面板中设置笔触为 1，颜色设置为绿色，在图层 3 中绘制群山。在"颜色"面板中将填充类型设置为"线性渐变"，并设置为由墨绿色到白色的渐变，使用颜料桶工具  对群山进行填充，并使用渐变变形工具，填充渐变为从上至下由白色变成墨绿色，适当改变渐变填充的范围，使用选择工具　选中群山边框，并按 Delete 键删除，如图 4-29 所示。

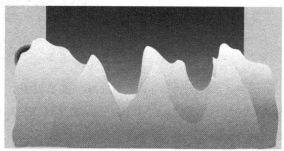

图 4-29　绘制群山

（2）分别在第 45 和 90 帧中按 F6 键，插入关键帧。选中第 45 帧，在"颜色"面板中将填充色设置为由深绿色到黄绿色的渐变，并使用渐变变形工具，填充渐变为从上至下由黄绿色变成深绿色，适当改变渐变填充的范围，如图 4-30 所示。分别选中第 1 和 45 帧并右击，在弹出的快捷菜单中选择"创建补间形状"选项，此时的时间轴如图 4-31 所示。

图 4-30　填充群山颜色

图 4-31　时间轴

5．制作白云移动动画

（1）锁定图层 3，新建图层 4，使用铅笔工具，在图层 4 中绘制白云，使用颜料桶工具，设置填充色为白色，填充白云，使用选择工具　选中白云边框，并按 Delete 键删除，再选中白云，依次按 Ctrl+C 和 Ctrl+V 组合键复制一朵白云，将其中一朵填充为淡蓝色，再用另一朵将其遮盖大部分，形成立体效果，以同样的方法再制作一朵白云。两朵白云的效果如图 4-32 所示。

（2）在第 90 帧中按 F6 键，插入一个关键帧，在第 1 帧中调整白云到左上方，在第 90 帧中把白云移动到右上方并使用任意变形工具  进行适当缩小。选中第 1 帧，在弹出的快捷菜单选择"创建补间形状"选项，此时的时间轴如图 4-33 所示。

图 4-32　白云效果

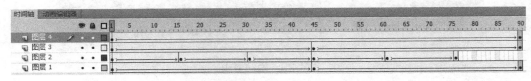

图 4-33　时间轴

（3）保存并测试动画。

4.5.8　案例 3：逐帧动画——飞舞的枯叶蝶

（1）新建一个 Flash 文件，设置舞台工作区的大小为 550 像素×350 像素，背景色设置为深蓝色。

（2）新建两个图层，将它们分别命名为"背景"、"枯叶蝶"。在"背景"图层中绘制草地和树木，如图 4-34 所示。

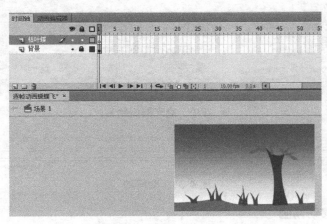

图 4-34　绘制草地和树木

（3）锁定"背景"图层，在"枯叶蝶"图层中绘制一只处于静止状态的枯叶蝶，如图 4-35 所示。

（4）在"背景"图层的第 20 帧中按 F5 键插入普通帧，使此层内容不变，此时的时间轴如图 4-36 所示。

（5）在"枯叶蝶"图层的前 10 帧中分别按 F6，插入关键帧，在这 10 帧中分别绘制枯叶蝶的每个动作，图 4-37 所示为第 2、5、8、10 帧中枯叶蝶的位置和形状。

图 4-35　绘制枯叶蝶

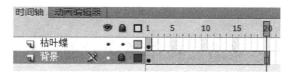

图 4-36　时间轴 3

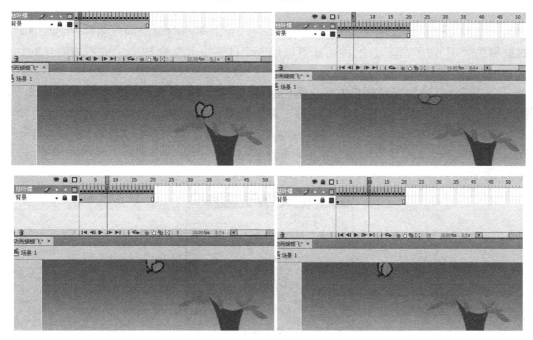

图 4-37　各帧中枯叶蝶的位置和形状

（6）将前10帧的枯叶蝶的动作按照其飞行规律分别复制到后面的帧中，对第11帧中的枯叶蝶形状和位置加以改动。

（7）使用选择工具 ↖ 调整各个帧中枯叶蝶的位置，形成飞行路线，使枯叶蝶飞舞起来，最终效果如图4-38所示。

（8）保存并测试动画，可以看见枯叶蝶在翩翩飞舞。

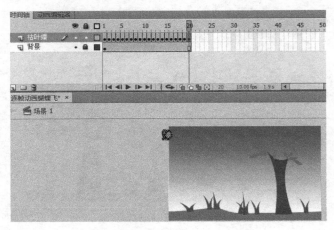

图 4-38　最终效果

4.6　制作高级动画

4.6.1　引导层动画

将一个或多个层链接到一个运动引导层，使一个或多个对象沿同一条路径运动的动画形式被称为"引导层动画"。这种动画可以使一个或多个元件完成曲线或不规则运动。

1. 创建引导层和被引导层

一个最基本"引导层动画"由两个图层组成：上面一层是"引导层"，图层图标为 ⁝⁝⁝ ；下面一层是"被引导层"，图层图标为 🗇，其同普通图层一样。

双击普通图层的图标 🗇，弹出"图层属性"对话框，如图4-39所示，选中"引导层"单选按钮即可将普通图层转化为引导层。拖曳普通图层到引导层上即可被引导层引导，如图4-40所示。

图 4-39　"图层属性"对话框

图 4-40　创建引导层和被引导层

2．引导层和被引导层中的对象

引导层是用于指示元件运行路径的，所以引导层中的内容可以是用钢笔、铅笔、线条、椭圆、矩形或画笔工具等绘制的线段。

而被引导层中的对象是跟着引导线走的，可以使用影片剪辑、图形、按钮、文字等，但不能应用形状。

由于引导线是一种运动轨迹，不难想象，被引导层中最常用的动画形式是动作补间动画，当播放动画时，一个或数个元件将沿着运动路径移动。

3．向被引导层中添加元件

引导层动画最基本的操作就是使一个运动动画"附着"在"引导线"上，所以操作时要特别注意"引导线"的两端，被引导的对象起点、终点的两个"中心点"一定要对准"引导线"的两个端头，即设置元件中心点在引导层上，如图 4-41 所示。"元件"中心点正好对着线段的端头，这一点非常重要，是引导层动画顺利运行的前提。

图 4-41　设置元件中心点在引导层上

4.6.2　遮罩动画

遮罩动画是 Flash 中一个很重要的动画类型，很多效果丰富的动画都是通过遮罩动画来完成的。在 Flash 的图层中有一个遮罩图层类型，为了得到特殊的显示效果，可以在遮罩层中创建一个任意形状的"视窗"，遮罩层下方的对象可以通过该"视窗"显示出来，而"视窗"之外的对象将不会显示。

1．遮罩的作用

在 Flash 中，"遮罩"主要有两个作用：应用在整个场景或一个特定区域中，使场景外的对象或特定区域外的对象不可见；用于遮住某一元件的一部分，从而实现一些特殊的效果。

2．创建遮罩的方法

（1）创建遮罩。

Flash 中没有一个专门的按钮来创建遮罩层，遮罩层其实是由普通图层转换而来的。用户只要在某个图层上右击（或者双击图层图标，弹出对话框，在其中进行设置），在弹出的快捷菜单中选择"遮罩层"选项，该图层就会生成遮罩层，图层图标就会从普通图层图标变为遮罩图层图标，系统会自动把遮罩层下面的一层关联为"被遮罩层"，在缩进的同时图标变为![icon]，如果想关联更多层，则只要把这些层拖曳到被遮罩层下面，如图 4-42 所示。

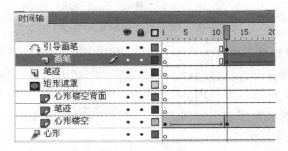

图 4-42　设置遮罩层

（2）构成遮罩和被遮罩层的元素。

遮罩层中的图形对象在播放时是看不到的，遮罩层中的内容可以是按钮、影片剪辑、图形、位图、文字等，但不能是线条。如果一定要使用线条，可以将线条转换为"填充"（方法：选择"修改"→"形状"→"将线条转换为填充"选项）。

被遮罩层中的对象只能透过遮罩层中的对象被看到。在被遮罩层中，可以使用按钮、影片剪辑、图形、位图、文字、线条等。

（3）遮罩中可以使用的动画形式。

可以在遮罩层、被遮罩层中分别或同时使用形状补间动画、动作补间动画、引导层动画等手段，从而使遮罩动画变成一个可以施展无限想象力的创作空间。

4.6.3　反向运动动画

反向运动是一种使用骨骼的关节结构对一个对象或彼此相关的一组对象进行动画处理的方法。使用骨骼，元件实例和形状对象可以按复杂而自然的方式移动，只需做很少的设计工作。例如，通过反向运动可以更加轻松地创建人物动画，如胳膊、腿和面部表情。

可以向单独的元件实例或单个形状的内部添加骨骼。在一个骨骼移动时，与启动运动的骨骼相关的其他连接骨骼也会移动。使用反向运动进行动画处理时，只需指定对象的开始位置和结束位置即可。通过反向运动，可以更加轻松地创建自然的运动，如图 4-43 所示。

图 4-43　添加骨骼

骨骼链称为骨架。在父子层次结构中，骨架中的骨骼彼此相连。骨架可以是线性的或分支的。源于同一骨骼的骨架分支称为同级，骨骼之间的连接点称为关节。

在 Flash 中可以通过以下两种方式使用反向运动动画。

（1）通过添加将每个实例与其他实例连接在一起的骨骼，用关节连接一系列的元件实例。骨骼允许元件实例链一起移动。例如，用户可能具有一组影片剪辑，其中的每个影片剪辑都表示人体的不同部分。通过将躯干、上臂、下臂和手连接在一起，可以创建逼真移动的胳膊。可以创建一个分支骨架以包括两个胳膊、两条腿和头。

（2）向形状对象的内部添加骨架。可以在合并绘制模式或对象绘制模式下创建形状。通过骨骼，可以移动形状的各个部分并对其进行动画处理，而无须绘制形状的不同版本或创建形状补间。例如，可以向简单的蛇图形中添加骨骼，以使蛇逼真地移动和弯曲。

在向元件实例或形状中添加骨骼时，Flash 将实例或形状以及关联的骨架移动到"时间轴"面板的新图层中。此新图层称为姿势图层。每个姿势图层只能包含一个骨架及其关联的实例或形状。

Flash 包括两个用于处理反向运动的工具。使用骨骼工具可以向元件实例和形状中添加骨骼。使用绑定工具可以调整形状对象的各个骨骼和控制点之间的关系。

可以在"时间轴"面板中或使用 ActionScript 3.0 对骨架及其关联的元件或形状进行动画处理。通过在不同帧中为骨架定义不同的姿势，可在"时间轴"面板中进行动画处理。

4.6.4　案例 1：引导层动画——鱼跃龙门

（1）新建一个 Flash 文件，将背景色设置为粉红色。

（2）选择"插入"→"新建图形元件"选项，新建一个名为"底座"的图形元件，使用多边形工具在舞台工作区中绘制一个填充颜色为红色、边框为黑色的三角形。绘制三角形之前的"属性"面板的相关设置如图 4-44 所示，三角形的效果如图 4-45 所示。

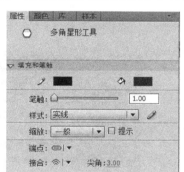

图 4-44　设置三角形的属性

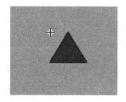

图 4-45　三角形的效果

（3）以同样的方法创建"木板"元件、"球"元件、"盘子"元件，效果分别如图 4-46～图 4-48 所示。

图 4-46　木板的效果

图 4-47　球的效果　　　　　　　　　　图 4-48　盘子的效果

（4）创建一个"圆环"元件，设置填充色为无，笔触宽度为 16.75，笔触样式为实线，笔触颜色为线性渐变，如图 4-49 所示。将圆环选中，选择"修改"→"形状"→"柔化填充边缘"选项，弹出"软化填充边缘"对话框，相关设置如图 4-50 所示。圆环的效果如图 4-51 所示。

（5）新建"小鱼"图形元件，选择"文件"→"导入"→"导入到舞台"选项，把小鱼的图片导入舞台工作区。选择"修改"→"分离"选项，使用套索工具和魔术棒工具把小鱼的背景删除。小鱼的效果如图 4-52 所示。

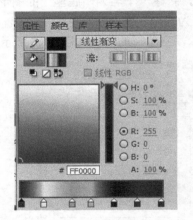

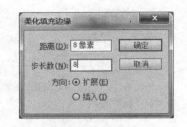

图 4-49　设置笔触渐变色　　　　　　　图 4-50　柔化填充边缘的设置

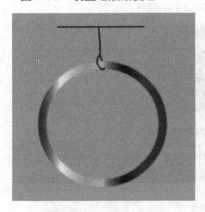

图 4-51　圆环的效果　　　　　　　　　图 4-52　小鱼的效果

（6）回到场景中，选中图层 1 的第 1 帧，把"底座"从库中拖曳到舞台工作区的左下角，并将图层 1 命名为"底座"。

（7）在"底座"图层的上方新建一个图层，并命名为"木板"，选中该图层的第 1 帧，把"木板"元件从库中拖曳到舞台工作区中，使用任意变形工具调整其大小，并把它移动到底座的上方，中心对准底座的尖。底座的效果如图 4-53 所示。

（8）在"木板"图层的上方新建一个图层，命名为"球"，再在其上面分别新建 3 个图层，从下到上依次命名为"盘子"、"圆环"、"鱼"，各层第 1 帧分别对应放上盘子、圆环、鱼，并把"盘子"放在舞台工作区的右下角，"圆环"置于右上方，整体效果如图 4-54 所示。

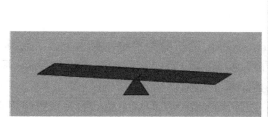

图 4-53　底座的效果

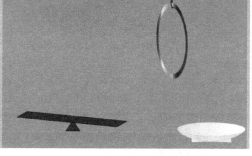

图 4-54　整体效果

（9）选中"底座"图层的第 60 帧并右击，在弹出的快捷菜单中选择"插入帧"选项，同样，在"盘子"图层和"圆环"图层的第 60 帧中也插入帧。

（10）选中"木板"图层的第 1 帧，使用任意变形工具调整木板的位置，使木板的右侧着地，再选中该图层的第 15 帧并右击，在弹出的快捷菜单中选择"插入关键帧"选项。选中"鱼"图层的第 1 帧，把"小鱼"拖曳到木板的右侧，并使用任意变形工具调整其大小和位置，再选中该图层的第 15 帧并右击，在弹出的快捷菜单中选择"插入关键帧"选项，如图 4-55 所示。

图 4-55　放入小鱼

（11）选中"球"图层的第 1 帧，把球从库中拖曳到舞台工作区中，并置于木板的左上方，如图 4-56 所示；选中该图层的第 15 帧并右击选择"插入关键帧"选项，使用选择工具将球向下移到刚刚接触到木板的位置，如图 4-57 所示；在第 1～15 帧中创建传统补间动画。

图 4-56　小球初始位置　　　　图 4-57　小球结束位置

（12）选中"木板"图层的第 25 帧并右击，在弹出的快捷菜单中选择"插入关键帧"选项，使用任意变形工具旋转该木板使其左方着地，在第 15～25 帧中创建传统补间动画。再选中该图层的第 60 帧并右击，在弹出的快捷菜单中选择"插入帧"选项。

（13）选中"球"图层的第 25 帧并右击，在弹出的快捷菜单中选择"插入关键帧"选项，把球向下移动到木板的上方，在第 15～25 帧中创建传统补间动画。

（14）锁定其他图层，选中"鱼"图层的第 25 帧并右击，在弹出的快捷菜单中选择"插入关键帧"选项，移动小鱼，使它贴着木板，在第 15～25 帧中创建传统补间动画。第 25 帧时的场景如图 4-58 所示。

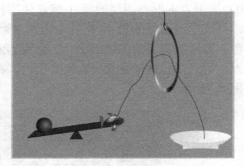

图 4-58　第 25 帧时的场景　　　　图 4-59　绘制引导线

（15）右击"鱼"图层，在弹出的快捷菜单中选择"添加传统运动引导层"选项，在"鱼"图层的上方创建一个引导图层；选中"引导层"，右击，在弹出的快捷菜单中选择"平滑"选项，从小鱼的嘴巴开始穿过圆环再到盘子绘制一条平滑的曲线，如图 4-59 所示。

（16）选中"鱼"图层的第 25 帧，单击选项栏中的"紧贴至对象"按钮，使小鱼的中心紧扣住曲线的一端，在该图层的第 55 帧中插入关键帧，把小鱼移动到曲线的另一端，同样单击选项栏中的"紧贴至对象"按钮，使小鱼的中心紧扣住曲线的另一端。再选中第 25～55 帧中的任意一帧，在弹出的快捷菜单中右击选择"创建传统补间动画"选项，在第 60 帧中右击，在弹出的快捷菜单中选择"插入帧"选项。时间轴效果如图 4-60 所示。

（17）保存并测试动画，球从高处落下掉到天平上之后继续运动使小鱼弹起，小鱼穿过圆环后掉到盘子中。

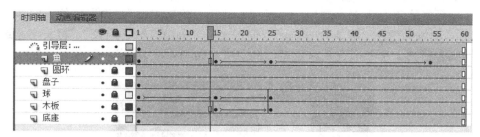

图 4-60　时间轴效果

4.6.5　案例 2：遮罩动画——对联展开效果

（1）选择"文件"→"新建"选项，创建一个新的文件。

（2）选择"修改"→"文档"选项，弹出"文档属性"对话框。在其中设置文档的尺寸为 550 像素×400 像素，背景色为深蓝色。

（3）选择"插入"→"新建元件"选项，新建一个图形元件，设置元件名称为"轴"，单击"确定"按钮，进入"轴"元件编辑模式。

（4）使用矩形工具，笔触颜色设为无，在"颜色"面板中设置颜色为"线性渐变"，由褐色到白色再到褐色，在舞台工作区中绘制一个矩形，制作画轴效果，如图 4-61 所示。

图 4-61　画轴效果

（5）选中矩形，选择"修改"→"变形"→"缩放与旋转"选项，设置画轴旋转 90°，如图 4-62 所示。

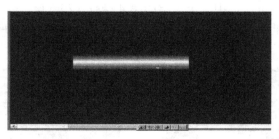

图 4-62　画轴旋转 90°

（6）回到场景中，添加图层 2 和图层 3，将 3 个图层分别命名为"纸"、"遮罩"和"转轴"。

（7）选中"纸"图层的第 1 帧，使用矩形工具，在填充色中选择黑色，在舞台工作区中绘制一个矩形，再将填充色改为白色，在黑色矩形框中绘制小的白色矩形框。

（8）使用文本工具，在"属性"面板中，选择"静态文字"，设置字体为宋体，大小为 38，文本颜色为黑色。在舞台工作区中输入文字"书山有路勤为径"，将文字通过变形工具调整到合适的大小并拖曳到白色矩形框中央，如图 4-63 所示。

图 4-63　左联效果

（9）选中"转轴"图层的第 1 帧，把库中的"轴"元件拖曳到舞台工作区中，并将"轴"移动到条幅上方，使用任意变形工具将"轴"缩放到与条幅同宽。重复前面的几步操作，制作文字效果"学海无崖苦作舟"。

（10）选中"遮罩"图层的第 1 帧，使用矩形工具，设置笔触颜色为无，填充色为绿色，在舞台工作区中绘制一个和条幅同宽的矩形，复制并将其拖曳到另一条幅上，如图 4-64 所示。

图 4-64　对联效果

（11）按住 Ctrl 键，依次选中 3 个图层的第 40 帧，按 F6 键，插入关键帧，再选中"遮罩"图层的第 20 帧，将绿色矩形拉伸至覆盖整个条幅，如图 4-65 所示。选中"转轴"图层的第 20 帧，将"轴"移动到条幅下面，如图 4-66 所示。

图 4-65　覆盖整个条幅

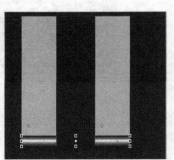

图 4-66　调整转轴位置

（12）选中"遮罩"图层的第 1 帧并右击，在弹出的快捷菜单中选择"创建补间形状"选项，再选中"转轴"图层的第 1 帧并右击，在弹出的快捷菜单中选择"创建传统补间"选项。

（13）右击"遮罩"图层，在弹出的快捷菜单中选择"遮罩层"选项，如图 4-67 所示。

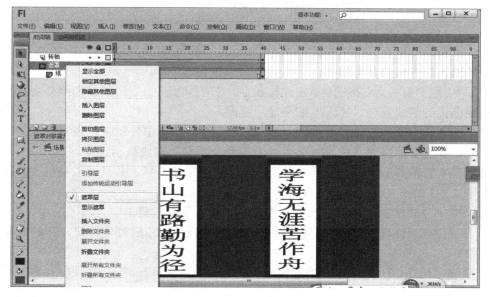

图 4-67　遮罩层

（14）保存并测试动画。

4.7　辅 助 操 作

4.7.1　绘图纸

绘图纸用于定位和编辑动画，此功能对制作逐帧动画特别有用。通常情况下，Flash 在舞台工作区中一次只能显示动画序列的单个帧。使用绘图纸功能后，可以在舞台工作区中一次查看两个或多个帧。

如图 4-68 所示，这是使用"绘图纸"功能后的场景，可以看出，当前帧中的内容用全彩色显示，其他帧中的内容以半透明显示，它使得所有帧内容看起来像是画在一张半透明的绘图纸上，这些内容相互层叠在一起。当然，此时只能编辑当前帧中的内容。单击"绘图纸外观轮廓"按钮 ⬚ 后，如图 4-69 所示。

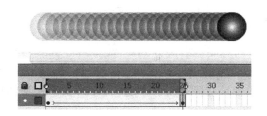

图 4-68　使用"绘图纸"功能后的场景

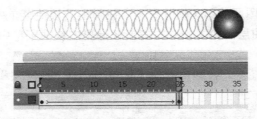

图 4-69　绘图纸外观轮廓

绘图纸各个按钮的功能如下。

（1）"绘图纸外观"按钮：单击此按钮后，在时间帧的上方出现绘图纸外观标记 。拖曳外观标记的两端，可以扩大或缩小显示范围。

（2）"绘图纸外观轮廓"按钮：单击此按钮后，场景中显示各帧内容的轮廓线，填充色消失，既适合观察对象轮廓，又可以节省系统资源，加快显示过程。

（3）"编辑多个帧"按钮：单击后可以显示全部帧内容，并且可以进行"多帧同时编辑"。

（4）"修改绘图纸标记"按钮：单击后，弹出菜单，菜单中有以下选项。

①　"总是显示标记"选项：会在时间轴标题中显示绘图纸外观标记，无论绘图纸外观是否打开。

②　"锚定绘图纸"选项：会将绘图纸外观标记锁定在其在时间轴标题中的当前位置。通常情况下，绘图纸外观范围是和当前帧的指针以及绘图纸外观标记相关的。通过锚定绘图纸外观标记，可以防止它们随当前帧的指针移动。

③　"绘图纸 2"选项：会在当前帧的两侧显示 2 个帧。

④　"绘图纸 5"选项：会在当前帧的两侧显示 5 个帧。

⑤　"绘制全部"选项：会在当前帧的两侧显示全部帧。

4.7.2　"对齐"面板

"对齐"面板如图 4-70 所示，可以对编辑区中的多个对象进行排列、分布、匹配大小、调整间隔等操作，使布局整齐美观。

图 4-70　"对齐"面板

"对齐"面板由排列对齐、分布对齐、匹配大小、间隔以及与舞台对齐等几部分组成。

（1）排列对齐。

①　水平排列 ：从左到右分别是水平方向的左对齐、居中对齐、右对齐。

②　垂直排列 ：从左到右分别是垂直方向的上对齐、居中对齐、下对齐。

（2）分布对齐。

①　水平分布 ：从左到右分别为垂直方向基于上边缘的分布、基于中心的分布、基于下边缘的分布。

②　垂直分布 ：从左到右分别为水平方向基于左边缘的分布、基于中心的分布、基于右边缘的分布。

（3）匹配大小 ：将一组对象的宽度、高度或两者调整为对象的最大尺寸，从左到右分别为水平对齐、垂直对齐、水平垂直对齐。

（4）间隔 ![图标]：将一组对象在水平或垂直方向上按照等间距的方式排列起来，从左到右分别为水平间距的调整、垂直间距的调整。

（5）与舞台对齐 ![图标 与舞台对齐]：在默认状态下，前述按钮的操作是相对于对象本身的，选中"与舞台对齐"复选框后，所做的操作是相对于舞台的。

4.8　动画预设

动画预设是预配置的补间动画，可以将它们应用于舞台工作区的对象上，用户只需选中对象并单击"动画预设"面板中的"应用"按钮即可。

4.8.1　应用动画预设

弹出"动画预设"面板的方法：选择"窗口"→"动画预设"选项。

使用动画预设是在 Flash 中添加动画的快捷方法。一旦了解了预设的工作方式，制作动画就非常容易了。

用户可以创建并保存自定义预设。自定义预设可以来自于已修改的现有动画预设，也可以来自于用户自己创建的自定义补间。

使用"动画预设"面板还可导入和导出预设。您可以与协作人员共享预设，或利用由 Flash 设计社区成员共享的预设。

注：动画预设只能包含补间动画，传统补间不能保存为动画预设。

4.8.2　预览动画预设

Flash 随附的每个动画预设都包括预览，可在"动画预设"面板中查看其预览。通过预览，可以了解将动画应用于 FLA 文件中的对象时所获得的结果。对于用户创建或导入的自定义预设，可以添加自己的预览。

（1）选择"窗口"→"动画预设"选项，弹出"动画预设"面板。

（2）在列表框中选择一个动画预设，可在面板顶部的"预览"窗格中播放。

（3）要停止播放预览，可在"动画预设"面板外单击。

4.9　使用场景

要按主题组织文档，可以使用场景。例如，可以将单独的场景用在简介、出现的消息以及片头/片尾字幕中。尽管使用场景有一些缺陷，但在某些情况下（例如创作长篇幅动画时），这些缺陷几乎不会出现。在使用场景时，不再必须管理大量的 FLA 文件，因为每个场景都包含在单个 FLA 文件中。

使用场景类似于使用几个 FLA 文件创建一个较大的演示文稿。每个场景都有一个时间轴。文档中的各个场景将按照"场景"面板中所列的顺序进行播放。当播放头到达一个场景的最后一帧时，播放头将前进到下一个场景。

1．弹出"场景"面板

选择"窗口"→"其他面板"→"场景"选项。

2．添加场景

选择"插入"→"场景"选项，或单击"场景"面板中的"添加场景"按钮🔲。

3．删除场景

单击"场景"面板中的"删除场景"按钮🔲。

4．更改场景的名称

在"场景"面板中双击场景名称，并输入新名称。

5．重制场景

单击"场景"面板中的"重制场景"按钮🔲。

4.10 实 训

4.10.1 实训 1：绘制放大镜效果

（1）新建一个 Flash 文件，设置背景色为"#D3A63D"。新建 5 个图层，从上到下分别命名为"放大镜"、"遮罩圆"、"大字"、"遮盖小字的圆"、"小字"，如图 4-71 所示。

图 4-71 新建 5 个图层

（2）制作放大镜图形元件。使用椭圆工具，设置笔触为从左到右"#D3A63D、#FBFBFB、#BBBBBB、#EEEEEE、#D3A63D"的线性渐变，如图 4-72 所示，高度设为13.5；设置填充色为"#FFFFFF"至"#928998"的径向渐变，其中"#FFFFFF"的 Alpha值为 30%，如图 4-73 所示；在舞台工作区中绘制一个椭圆。使用椭圆工具，设置笔触为无，填充为"#BD7E42、#FFFFFF、#BD7E42"的线性渐变，如图 4-74 所示，绘制一个狭长椭圆作为放大镜的手柄。放大镜的最终效果如图 4-75 所示。

图 4-72 放大镜边框颜色设置

图 4-73 放大镜填充色颜色设置

图 4-74　放大镜手柄颜色设置

图 4-75　放大镜的最终效果

（3）输入小字。回到场景中，选中"小字"图层，使用文本工具在该图层中输入文字"今天你学习了吗？"，适当设置文字的字体和大小，效果如图 4-76 所示。

（4）输入大字。把"小字"图层中的文字复制并粘贴到"大字"图层中，使用任意变形工具合理调整文字的位置和大小，使大字和小字叠加，效果如图 4-77 所示。

图 4-76　小字效果

图 4-77　大字效果

（5）制作遮盖小字的圆的动画。

① 在"库"面板中双击放大镜元件，选中放大镜的填充圆，按 Ctrl+C 组合键复制。回到场景中，选中"遮盖小字的圆"图层，按 Ctrl+V 组合键把该圆粘贴到该图层中，并把"属性"面板中的"颜色"的"色调"改为白色。

② 选中"遮盖小字的圆"图层，在第 50 帧中插入关键帧，把第 1 帧的圆拖曳到文字的左侧，把第 50 帧的圆拖曳到文字的右侧。在第 1 帧创建补间动画，如图 4-78 所示。

（a）第 1 帧圆的位置　　　　　　　　　　　　　　　　（b）第 50 帧圆的位置

图 4-78　设置遮盖圆的位置

（6）制作遮罩圆动画。选中"遮盖小字的圆"图层的第 1～第 50 帧并右击，在弹出的快捷菜单中选择"复制帧"选项。选中"遮罩圆"图层，选中第 1 帧并右击，在弹出的快捷菜单中选择"粘贴帧"选项。选中"遮罩圆"图层并右击，在弹出的快捷菜单中选择"遮罩层"。

（7）制作放大镜动画。选中"放大镜"图层，在"库"面板中将放大镜元件拖曳到舞台工作区中，在第 50 帧中插入关键帧。合理调整放大镜的位置，使第 1 帧的放大镜位置与"遮盖小字的圆"图层第 1 帧中的圆的位置重合，第 50 帧的放大镜位置与"遮盖小字的圆"图层第 50 帧中的圆的位置重合。在第 1 帧中创建传统补间动画。第 1 帧和第 50 帧中的放大镜位置如图 4-79 所示。

（a）第 1 帧中放大镜的位置　　　　　（b）第 50 帧中放大镜的位置

图 4-79　放大镜的位置

（8）最终的时间轴效果如图 4-80 所示。

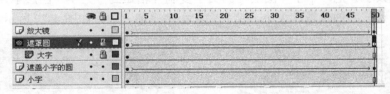

图 4-80　最终的时间轴效果

（9）保存并测试动画，动画最终效果如图 4-81 所示。

图 4-81　动画最终效果

4.10.2　实训 2：绘制下雪效果

（1）新建一个 Flash 文件，选择"修改"→"文档"选项，将背景色设置为黑色。

（2）选择"插入"→"新建元件"选项，弹出"创建新元件"对话框，选择类型为"图形"，设置其名称为"雪花"，如图 4-82 所示。

（3）在舞台工作区中使用铅笔工具绘制出一片雪花，如图 4-83 所示。

图 4-82 "创建新元件"对话框　　　　图 4-83 绘制雪花

（4）选择"插入"→"新建元件"选项，弹出"创建新元件"对话框，选择类型为"影片剪辑"，设置其名称为"雪花1"，如图 4-84 所示。

（5）在"库"面板中，把"雪花"元件拖曳到舞台工作区并放到图层1的第1帧中。单击"引导层"按钮，创建一个引导层，使用铅笔工具绘制一条线，作为雪花飘落的路线，如图 4-85 所示。

图 4-84 新建"雪花1"影片剪辑元件　　　图 4-85 绘制引导线

（6）在图层1的第1帧中把雪花的中心对准引导层的一端，再在第60帧中插入关键帧，在引导层的第60帧中插入帧，选中图层1的第60帧，把这一帧的雪花向下移，把雪花的中心对准引导层的最下端，在图层1的第1～第60帧中创建传统补间动画。在第45帧中插入关键帧。选中第60帧中的雪花，将其 Alpha 的值设为 0%，如图 4-86 所示。

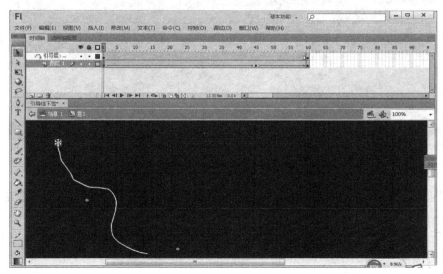

图 4-86 设置"雪花1"始末关键帧的位置

（7）用同样的方法再创建两个雪花的影片剪辑，分别命名为"雪花 2"、"雪花 3"，但不同的影片剪辑中引导线要不同，雪花也要适当地调整大小，"雪花 2"、"雪花 3"的效果分别如图 4-87 和图 4-88 所示。

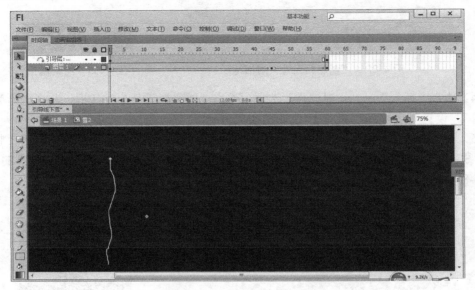

图 4-87　"雪花 2"的效果

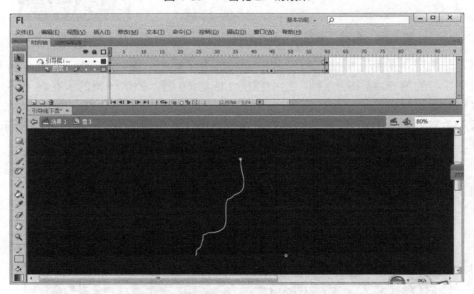

图 4-88　"雪花 3"的效果

（8）回到场景中，在"库"面板中，在图层 1 中把刚做好的"雪花 1"、"雪花 2"、"雪花 3"影片剪辑元件分别拖曳到舞台工作区中。

（9）新建图层 2，在图层 2 的第 10 帧中插入关键帧，按图层 1 的方法向场景中拖曳雪花；新建图层 3，在图层 3 的第 20 帧中插入关键帧，以同样的方法向场景中拖曳雪花，如图 4-89 所示。在图层 1 的第 20 帧中插入帧，在图层 2 的第 20 帧中插入帧。

（10）在图层 2 上方插入图层 3，在第 20 帧中插入关键帧，选中第 20 帧，在"动作"

面板中加入代码 stop()，如图 4-90 所示。

（11）新建一个图层，命名为"背景图"，把此图层拖曳到所有图层下方，选择"文件"→"导入"→"导入到舞台"选项，导入一张雪景图，把图片的大小改为 550 像素×400像素，X 轴和 Y 轴的位置都为 0。在第 20 帧中插入帧，最终效果如图 4-91 所示。

（12）保存并测试。

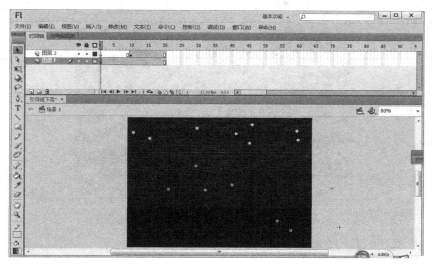

图 4-89　拖曳多个雪花影片剪辑元件

图 4-90　添加动作代码

图 4-91　最终效果

4.10.3　实训 3：绘制旋转的地球和环形文字

本实训制作地球自转和环形文字绕着地球转动的效果。

1．制作自转的地球

（1）新建一个 Flash 文件，背景色设为黑色。新建影片剪辑元件，名称为"地球自转"。新建图层，名称为"地图 1"，在第 1 帧中插入关键帧，导入地图，如图 4-92 所示。在第 60 帧中插入关键帧，把地图向右移动一些，创建传统补间动画。

图 4-92　导入地图

（2）新建图层，名称为"图层 1"，使用椭圆工具 ⭕ 绘制一个圆，笔触为无，填充为径向渐变，渐变颜色为白白黑，其中，中间的白色的 Alpha 值为 0%，如图 4-93 所示。

（3）插入图层 3 和图层 4，将图层 1 的第 1 帧分别复制到图层 3 和图层 4 的第 1 帧中。更改图层 4 中球的颜色渐变为白红黑，其中白色的 Alpha 值为 58%，如图 4-94 所示。

（4）插入图层，名称为"地图 2"，在第 1 帧中插入关键帧，将地图图片拖曳到该帧中并水平翻转图片；在第 60 帧中插入关键帧，把地图向左移动一些；在第 1 帧中创建传统补间动画。

（5）新建图层 6，将图层 1 的第 1 帧复制到图层 6 的第 1 帧中，把图层 6 和图层 3 设置为遮罩层，将图层 1 拖曳到最上面，图层效果如图 4-95 所示。

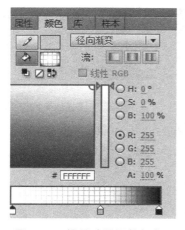

图 4-93　设置遮罩圆的颜色

图 4-94　设置圆的颜色

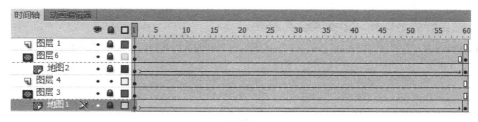

图 4-95　图层效果

2．制作旋转的环形文字

（1）新建影片剪辑元件，名称为"旋转的字"。使用文本工具输入任一字母，文字颜色为白色。使用任意变形工具将其中心移动到正下方，在"变形"面板中，将旋转角度设为 12°，一直单击"重置选取并变形"按钮 直到得到想要的结果，如图 4-96 所示，再把其中的字母分别改为"FLASH WORLD"，字母的效果如图 4-97 所示。选中所有的文本，将其转换为图形元件。

图 4-96　旋转并复制文字

图 4-97　字母的效果

（2）在第 120 帧中插入关键帧，在第 1 帧中创建传统补间动画，并在"属性"面板中设置旋转为"顺时针"，如图 4-98 所示。

图 4-98　设置顺时针旋转

3．把自转的地球和环形文字合并起来

（1）新建影片剪辑元件，名称为"合并"。将地球自转元件拖曳到图层 1 中。新建图层 2，使用矩形工具绘制一个矩形，将地球的下半部分遮住，如图 4-99 所示。

图 4-99　添加遮罩矩形

（2）新建图层 3，将"旋转文字"元件拖曳到舞台工作区中，位置要与地球相配合，使用任意变形工具调整环形文字的形状，如图 4-100 所示。分别在第 60、30 帧中插入关键帧，在第 30 帧中使用任意变形工具调整元件的形状，如图 4-101 所示。创建传统补间动画，帧的效果如图 4-102 所示。

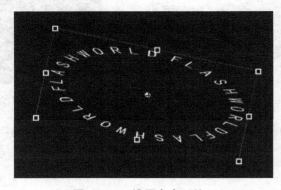

图 4-100　设置文字形状 1

图 4-101　设置文字形状 2

图 4-102　帧的效果

（3）新建图层 3 副本，选中图层 3 的第 1 帧并右击，在弹出的快捷菜单中选择"复制帧"选项，在图层 3 副本的第 1 帧中粘贴帧，选中第 1 帧中的元件，向下小幅度拖曳，并在"属性"面板中设置该元件的 Alpha 值为 40%，这样即可制作出阴影的效果，如图 4-103 所示。将该图层置于图层 3 的下面，如图 4-104 所示。

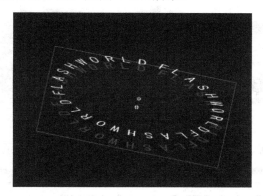

图 4-103　制作文字阴影效果

图 4-104　添加图层 3 副本

（4）新建图层 4，将图层 1 的第 1 帧复制到图层 4 的第 1 帧中。新建图层 5，使用矩形工具绘制一个矩形，将地球的上半部分遮住，如图 4-105 所示。

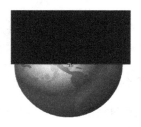

图 4-105　添加遮罩矩形

（5）将图层 2、图层 5 设为遮罩层。

4．设置场景

（1）回到场景中并插入关键帧，将元件"合并"拖曳到第 1 帧的舞台工作区中。

（2）保存并测试动画。

4.11 练 习

（1）制作水波和树叶飘落效果，如图 4-106 所示。

图 4-106 水波和树叶飘落效果

（2）制作帷幕拉开后，球上弹、熊猫下落效果，如图 4-106 所示。

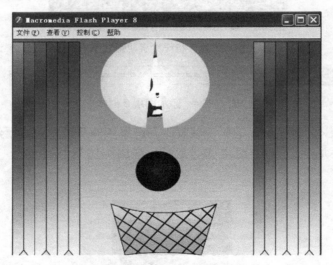

图 4-107 帷幕拉开后效果

（3）使用引导线使福娃沿着规定的路线运动，效果如图 4-108 所示。

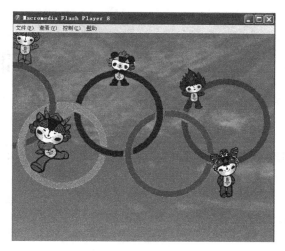

图 4-108　福娃运动效果

（4）制作霓虹灯效果，如图 4-109 所示。

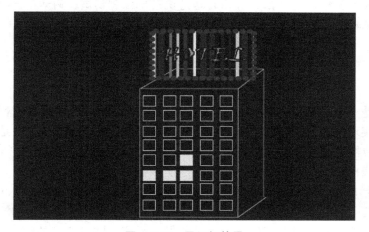

图 4-109　霓虹灯效果

（5）制作地球和太阳，效果如图 4-110 所示。

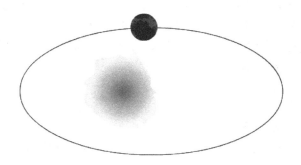

图 4-110　地球和太阳效果

第 5 章　简单交互动画的制作

✔️ **本章学习任务**

Flash 动画可以用按钮来控制动画的播放形式，实现交互功能。本章主要包括如下操作。

- ➢ 创建按钮元件
- ➢ "动作"面板的使用
- ➢ 给帧添加动作
- ➢ 给按钮添加动作
- ➢ 使用"动作"面板快速实现交互功能

交互式影片主要能让用户根据自己的意愿便捷地控制动画。例如，当用户单击一个按钮时，影片将跳转到指定的地方等。

5.1　按　钮　元　件

按钮元件是 Flash 的基本元件之一，它具有多种状态，并且会响应鼠标事件，执行指定的动作，是实现动画交互效果的关键对象。从外观上看，"按钮"可以是任何形式的，例如，可以是位图，也可以是矢量图；可以是矩形，也可以是多边形；可以是一根线条，也可以是一个线框；甚至可以是看不见的"透明按钮"。

按钮实际上是 4 帧的交互影片剪辑。当为组件选择按钮行为时，Flash 会创建一个 4 帧的时间轴，其中，前 3 帧显示按钮的 3 种可能状态，第 4 帧定义按钮的活动区域。时间轴实际上并不播放，它只是对指针运动和动作做出反应，跳到相应的帧。

按钮元件的时间轴上的每一帧都有一个特定的功能。

（1）弹起：当鼠标不接触按钮时，按钮处于弹起状态。

（2）指针经过：当鼠标指针移动到按钮上，但还没有按下鼠标时的状态。

（3）按下：当鼠标指针移动到按钮上并按下时的状态。

（4）点击：定义对鼠标做出反应的区域。只有当鼠标进入这个区域时，才会有鼠标经过和按下的事件，这一帧在影片中是看不见的。

5.1.1　创建按钮元件

创建按钮元件的步骤如下。

（1）选择"插入"→"新建元件"选项，或者按 Ctrl+F8 组合键，弹出"创建新元件"对话框，如图 5-1 所示。

（2）在"创建新元件"对话框中，设置新按钮元件的名称，对于元件"类型"选择"按钮"。

Flash 会切换到元件编辑模式。时间轴将更改以显示 4 个标签，即"弹起"、"指针经过"、"按下"和"点击"的连续帧。第 1 帧("弹起")是一个空白关键帧。

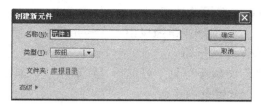

图 5-1　"创建新元件"对话框

（3）若要创建弹起状态的按钮图像，可在时间轴中选中"弹起"帧，使用绘画工具绘制、导入一幅图像或者在舞台工作区中放置另一个元件的实例。

用户可在按钮内部使用图形元件或影片剪辑元件，但不能使用其他按钮元件。

（4）在时间轴中，选中"指针经过"帧，选择"插入"→"时间轴"→"关键帧"选项，Flash 将插入重复上一个"弹起"帧的内容的关键帧。

（5）仍使"指针经过"帧处于选中状态，更改或编辑舞台工作区中的按钮图像以创建希望"指针经过"状态具有的外观。

（6）为"按下"帧和"点击"帧重复步骤（5）和步骤（6）。

提示："点击"帧的图形必须是一个实心区域，它的大小至少应足以包含"弹起"、"按下"和"指针经过"帧的所有图形元素。它也可以比可见按钮大。如果没有指定"点击"帧，则"弹起"状态的图像会被用作"点击"帧。要制作可在单击或滑过舞台工作区的不同区域时进行响应的按钮，可将"点击"帧图像放置在其他按钮帧图像外的其他位置。

要为按钮状态分配声音，可在时间轴中选中与该状态对应的帧，选择"窗口"→"属性"选项，在"属性"面板的"声音"下拉列表中选择声音。"声音"下拉列表中仅显示已经导入的声音。

（7）完成之后，选择"编辑"→"编辑文档"选项，返回到 Flash 文件的主时间轴。要创建在舞台工作区中创建的按钮的实例，可将按钮元件从"库"面板中拖曳到舞台工作区中。

具体操作请参见实训部分。

5.1.2　编辑和测试按钮元件

默认情况下，Flash 在创建按钮元件时会使它们保持在禁用状态，以便更容易地选择和使用这些按钮元件。当按钮处于禁用状态时，单击该按钮即可启用。当按钮处于启用状态时，它会响应已指定的鼠标事件，就如同 SWF 文件正在播放时一样。仍然可以选中已启用的按钮。在工作时可以启用按钮以快速测试当鼠标指针经过按钮或单击按钮时按钮的图形行为。

1. 启用和禁用按钮

选择"控制"→"启用简单按钮"选项，如图 5-2 所示。此时，在该选项的旁边会出现一个选中标记，表明按钮已被启用。再次选择该选项可禁用按钮。

图 5-2　启用和禁用按钮

舞台工作区中的任何按钮现在都响应状态更改。当鼠标指针经过按钮时，Flash 会显示"指针经过"帧；

当单击按钮的活动区域时，Flash 会显示"按下"帧。

2．选择、移动或编辑已启用的按钮

（1）选择：使用选取工具围绕按钮拖曳出一个矩形选择区域。

（2）移动：使用箭头键移动按钮。

（3）编辑：若"属性"面板不可见，可选择"窗口"→"属性"选项，在"属性"面板中编辑按钮，或者按住 Alt 键并双击。

3．测试按钮

测试按钮有如下 3 种常用方法。

（1）选择"控制"→"启用简单按钮"选项，使鼠标指针经过已启用的按钮以对其进行测试，这允许用户在创作环境中测试按钮。

（2）在"库"面板中选中该按钮，在库预览窗格中单击"播放"按钮。

（3）选择"控制"→"测试场景"或"控制"→"测试影片"→"测试"选项，这允许用户在 Flash Player 中测试按钮。

在 Flash 创作环境中不显示按钮元件中的影片剪辑实例，只有使用"测试场景"或"测试影片"才会显示它们。

5.1.3 案例：制作开始按钮

（1）选择"插入"→"新建元件"选项，或者按 Ctrl+F8 组合键，弹出"创建新元件"对话框，输入新按钮元件的名称，元件"类型"选择"按钮"，如图 5-3 所示。

图 5-3 "创建新元件"对话框

（2）Flash 会切换到元件编辑模式。时间轴将更改以显示"弹起"、"指针经过"、"按下"和"点击"的连续帧，第 1 帧（"弹起"）是一个空白关键帧，如图 5-4 所示。

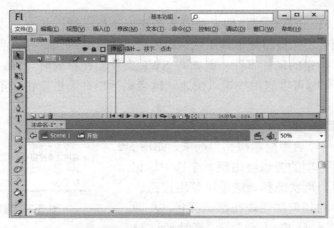

图 5-4 元件编辑模式

（3）若要创建弹起状态的按钮图像，可在时间轴中选中"弹起"帧，使用矩形工具绘制一个无边框的黄色矩形；在图层 1 中插入图层 2，在图层 2 的弹起帧中使用文本工具输入绿色的文字"开始"，效果如图 5-5 所示。

注：可以在按钮内部使用图形元件或影片剪辑元件，但不能使用其他按钮元件。

（4）在"指针经过"帧的两个图层中分别插入关键帧，把矩形的颜色改为深蓝色，文字的颜色改为白色，效果如图 5-6 所示。

（5）在"按下"帧的图层 1 中插入空白关键帧，导入第 3 章素材中的"小狗脚印"图片，合理设置图片的大小；在图层 2 中插入关键帧，设置文字颜色为红色，效果如图 5-7 所示。

图 5-5　弹起帧效果　　　　图 5-6　指针经过帧效果　　　图 5-7　按下帧效果

（6）在"点击"帧的图层 1 中插入空白关键帧，回到"弹起"帧，复制"弹起"帧中的矩形，并粘贴到"点击"帧中，合理调整矩形的位置，使其与"弹起"帧位置一样。按钮元件时间轴的效果如图 5-8 所示。

图 5-8　按钮元件时间轴的效果

（7）回到场景中，在"库"面板中把按钮元件拖曳到场景中。

（8）保存并测试动画。

5.2　添加脚本

Flash 的动作脚本（ActionScript，AS）是一种面向对象的脚本语言，它和其他编程语言一样，都是使用一定的语法规则与数据结构创建出一系列计算机能够执行的指令，从而使人们能够控制计算机完成特定的任务。

5.2.1　动作脚本基础知识

1．动作脚本的应用对象

动作脚本的应用对象有关键帧、按钮、影片剪辑。

2．动作面板

选择"窗口"→"动作"选项或按 F9 键，弹出动作面板，如图 5-9 所示。

图 5-9　动作面板

3．添加动作脚本

添加动作脚本的步骤如下。

（1）选中需要添加动作脚本的对象，如一个关键帧、一个按钮元件或一个影片剪辑元件。

（2）选择"窗口"→"动作"选项或按快捷键 F9 打开"动作"面板。

（3）通过手工编写的方式或使用按钮添加脚本的方式，在"动作"面板中输入需要执行的动作脚本。

（4）对于添加完成的动作脚本，使用按钮检查是否有语法错误，如果有错误，则需改正直到检查无误为止。

5.2.2　函数

函数是可以向脚本传递参数并能够返回值的可重复使用的代码块。ActionScript 中的函数可以处理常见的编程任务，如处理数据类型、生成调试信息以及与 Flash Player 或浏览器进行通信等。

根据其适用对象的不同，函数又分为影片剪辑控制、时间轴控制、浏览器/网络、打印函数、其他函数、数学函数和转换函数 7 种类型，如图 5-10 所示。

图 5-10　函数的类型

1．时间轴函数

时间轴控制函数是用于控制时间轴的，可以完成对场景、场景中的时间轴和影片剪辑中的时间轴的控制，如播放、停止、跳转等。几种常用时间轴控制函数的格式和作用如表 5.1 所示。

表 5.1　几种常用时间轴控制函数的格式和作用

格式	作用
gotoAndPlay([scene],frame)	跳转到指定的帧并开始播放。参数 scene 用于指定场景名称，参数 frame 用于指定帧的序号或帧的标签。如果未指定场景，则跳转当前场景中的指定帧开始播放
gotoAndStop([scene],frame)	跳转到指定的帧并停止播放。参数 scene 和 frame 的用法同上
nextFrame( )	跳转到下一帧播放
nextScene ( )	跳转到下一场景的第 1 帧播放
play( )	播放操作
prevFrame( )	跳转到上一帧播放
prevScene ( )	跳转到上一场景的第 1 帧播放
stop( )	停止操作
stopAllSounds( )	停止播放当前 Flash（无论正在播放多少个 Flash 动画）中的所有声音

2．浏览器/网络函数

几种常用浏览器/网络函数的格式和作用如表 5.2 所示。

表 5.2　几种常用浏览器/网络函数的格式和作用

格式	作用
Fscommand(command,parameters)	使 SWF 文件能够与 Flash Player 或使用 Flash Player 的程序（如 Web 浏览器）进行通信。参数 command 用于设置指令，参数 parameters 用于设置命令的参数
getURL(url, [window,[method]]))	将指定 URL 的文档加载到窗口中，或将变量传递到 URL 指定的另一个应用程序中。参数 url 用于指定访问文档的 URL，参数 window 用于指定应将文档加载到其中的窗口或 HTML 帧中，参数 method 用于指定发送变量的方法，可以是 GET 方法或 POST 方法，如果没有变量，则省略此参数
loadMovie (url, target, [method])	使用 loadMovie() 函数可以一次显示多个 SWF 文件，并且无须加载另一个 HTML 文档即可在 SWF 文件之间进行切换。如果不使用 loadMovie() 函数，则 Flash Player 只能显示一个 SWF 文件
loadMovieNum(url, level, [method])	与 loadMovie() 函数功能相同，两者的区别在于，loadMovie() 函数指定的是目标，而 loadMovieNum()函数指定的是级别。各参数的用法同上
loadVariables(url, target, [method])	从外部文件中读取数据，并设置目标影片剪辑中变量的值。参数 url 用于设置变量所处位置的 URL 地址，参数 target 用于设置接收所加载变量的影片剪辑元件的目标路径，参数 method 指定用于发送变量的方法，此参数可选
loadVariablesNum(url, level, [method])	与 loadVariables()函数功能相同，但 loadVariablesNum()函数是将变量加载到特定的级别中
unloadMovie(target)	使用 unloadMovie() 函数可删除用 loadMovie() 函数加载的 SWF 文件
unloadMovieNum(level)	使用 unloadMovieNum() 函数可删除用 loadMovieNum() 函数加载的 SWF 文件或图像

3. 影片剪辑控制函数

影片剪辑控制函数用于对影片剪辑实例进行操作，几种常用影片剪辑控制函数的格式和作用如表 5.3 所示。

表 5.3　几种常用影片剪辑控制的格式和作用

格式	作用
duplicateMovieClip(target, newname, depth)	当 SWF 文件正在播放时，创建一个影片剪辑的实例。参数 target 指明要复制的影片剪辑的目标路径，参数 newname 用于设置复制的影片剪辑的标识符，参数 depth 用于设置所复制影片剪辑的堆叠顺序
getProperty(my_mc, property)	返回影片剪辑 my_mc 的指定属性的值。参数 my_mc 用于指明需要检索属性的影片剪辑的实例名称或 MovieClip 对象，参数 property 是影片剪辑的一个属性
on(mouseEvent){ }	指定触发动作的鼠标事件或按键。参数 mouseEvent 是一个称为事件的触发器。当事件发生时，执行该事件后面画括号 ({ }) 中的语句
onClipEvent(movieEvent){ }	指定触发为特定影片剪辑实例定义的动作。参数 movieEvent 是一个称为事件的触发器。当事件发生时，执行该事件后面画括号 ({}) 中的语句
removeMoiveClip(target)	删除由 duplicateMovieClip() 指定的影片剪辑。参数 target 用于指明用 duplicateMovieClip() 创建的影片剪辑实例的目标路径。
setProperty(target, property, expression)	当影片剪辑播放时，更改影片剪辑的属性值。参数 target 用于设置需要更改属性的影片剪辑的实例名称的路径，参数 property 用于指定要设置的属性，参数 expression 是设置的新属性值或表达式
startDrag(target, [lock left, top right, bottom]))	使影片剪辑在影片播放过程中可拖曳。参数 target 用于设置要拖曳的影片剪辑的目标路径，参数 lock 可选，用于指定可拖曳影片剪辑是锁定到鼠标位置中央 (true)，还是锁定到用户首次单击该影片剪辑的位置(false)。参数 left、top、right、bottom 可选，用于指定该影片剪辑矩形拖曳范围的坐标
stopDrag()	停止当前的拖曳操作
targetPath(targetObject)	返回一个字符串，其中包含 MovieClip、Button、TextField 或 VideoObject 的目标路径。参数 targetObject 是正在对其检索目标路径的对象的引用（如 _root 或 _parent）。其可以是一个 MovieClip、Button 或 TextField 对象
updateAfterEvent()	指定在特定影片剪辑执行完成后，更新显示内容。其主要作用是使光标移动看起来更加顺畅

5.2.3　给帧添加动作

给关键帧指定一个动作，以使电影在到达该帧时做某些事情，即控制时间轴的动作。最常见的就是对时间轴的控制，对时间轴的控制一般使用 play()（播放）、gotoAndPlay()（跳转到某一帧播放）、stop()（停止）、gotoAndStop()（跳转到某一帧停止）函数。

例如，使一个动画播放到最后一帧停止，可进行以下操作。

（1）打开，第 5 章素材中的"引导线鱼跃龙门添加动作.fla"，在现有文件的基础上添加图层 10，命名为"动作"。

（2）选中"动作"图层中的最后一帧，按 F6 键，插入关键帧。

（3）选择"窗口"→"动作"选项或按 F9 键，弹出"动作"面板。

（4）双击"动作"面板中的"全局函数"→"时间轴控制"→"stop"函数，可自动在"脚本"窗格中输入动作"stop();"，如图 5-11 所示。

（5）测试动画，可以看到动画播放到最后一帧就停止了。

与第 4 章中的"引导线鱼跃龙门.fla"进行比较，可以发现，"引导线鱼跃龙门.fla"动画播放结束后会再次循环播放，而"引导线鱼跃龙门添加动作.fla"动画播放一次就停止了。

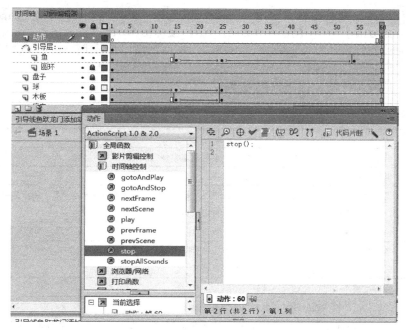

图 5-11　给帧添加动作

5.2.4　给按钮添加动作

为按钮实例添加动作，可以使用户在按下鼠标或者在鼠标指针经过按钮时执行动作，给一个按钮实例添加动作不会影响其他按钮的动作。

当给一个按钮添加动作时，可以指定触发动作的鼠标事件，也可以指定触发键盘中的某一键。

当给按钮设置动作时，必须把该动作嵌套在鼠标事件处理程序中，并指定触发该动作的鼠标或键盘事件，其基本表达式如下。

```
on （鼠标事件）{
        控制语句；
}
```

常见的控制语句有 play()、stop()、gotoAndPlay()（跳转到某一帧或者某场景的某一帧播放）、gotoAndStop()（跳转到某一帧或者某场景的某一帧停止）。

5.2.5　给影片剪辑添加动作

通过为影片剪辑指定动作，可在影片剪辑加载或接收到数据时使影片执行动作。和为按钮添加动作一样，必须将动作指定给影片剪辑的一个实例。

当为影片剪辑指定动作时，必须将动作嵌套在 onClipEvent()处理函数中，并指定触发该动作的剪辑事件，其基本表达式如下。

```
onClipEvent （鼠标事件）{
        控制语句；
}
```

例如：

```
on (press) {
        gotoAndPlay(5);                     //跳转到当前场景时间轴的第5帧开始播放
        gotoAndPlay（"场景2"，5)；          //跳转到"场景2"的时间轴的第5帧开始播放
        mc.goToAndPlay(5);                  //跳转到影片剪辑元件mc的第5帧开始播放
}
```

针对影片剪辑元件的鼠标事件如表 5.4 所示。

表 5.4　影片剪辑元件的鼠标事件

事件	作用
load	当影片片段第一次加载到时间轴中时，会触发本事件一次
unLoad	当影片片段被删除时，会触发本事件一次
enterFrame	当影片片段加载到时间轴时，不论是放映还是停止状态，都会不断触发本事件。所以只要此片段被加载后，此事件会一直不断地执行，直到影片片段被删除为止
mouseDown	当鼠标左键被按下时，会触发本事件一次
mouseUp	当被按下的鼠标左键被放开时，会触发本事件一次
mouseMove	只要在场景中移动鼠标，就会不断触发本事件
keyDown	当键盘被按下时，会触发本事件
keyUp	当已按下的键盘被松开时，会触发本事件一次
data	当在 loadVariables()或 loadMovie()动作中接收数据时执行此动作。当与 loadVariables()动作一起指定时，data 事件只在加载最后一个变量时触发一次。当与 loadMovie()动作一起指定，获取数据的每一部分时，data 事件都会重复发生

用于控制影片剪辑元件的动作主要有 startDrag（开始拖曳）、stopDrag（停止拖曳）、duplicateMovieClip（复制影片剪辑元件）、removeMovieClip（删除影片剪辑元件）、tellTarget（指定影片剪辑元件）、setProperty（设置属性）等。

5.3　实　　训

5.3.1　实训 1：使用按钮控制动画的播放

（1）打开第 4 章素材中的"引导线鱼跃龙门.fla"，在引导层中插入一个图层并命名为"按钮"。

（2）公用库调用按钮。选择"窗口"→"公用库"→"buttons"选项，把公用库中"buttons bar"中的"bar blue"、"bar brown"、"bar gold"（见图 5-12）拖曳到按钮图层的第 1 帧中，如图 5-13 所示。

（3）添加 3 个按钮。双击蓝色按钮，切换到按钮编辑模式，把"text"图层中的"center"使用文本工具修改为"开始"。以同样的方法修改另外两个按钮上的文字为"停止"、"重播"。修改文字后的按钮如图 5-14 所示。

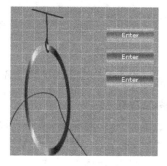

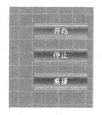

图 5-12　公用库中的按钮　　图 5-13　3 个按钮放入后　　图 5-14　修改文字后的按钮

（4）给"开始"按钮添加播放动作。选中"开始"按钮，在"动作"面板中选择"全局函数"→"影片剪辑控制"→"on"函数，在图 5-15 所示界面中选中"press"；把鼠标指针定位在{}中，在图 5-16 所示界面中双击"play"，"开始"按钮就添加了播放功能的代码。或者选中"开始"按钮后，直接在"动作"面板中输入如图 5-16 所示的代码。

（5）给"停止"按钮添加停止播放功能，即给"停止"按钮添加如图 5-17 所示的代码。

（6）给"重播"按钮添加重播功能，即给"重播"按钮添加如图 5-18 所示的代码。

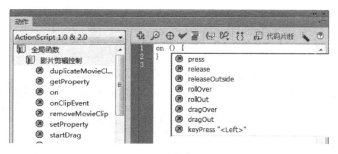

图 5-15　添加影片剪辑控制代码

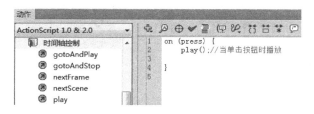

图 5-16　添加播放代码

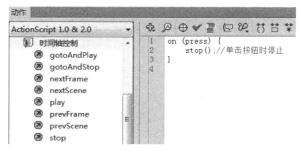

图 5-17　添加停止播放代码

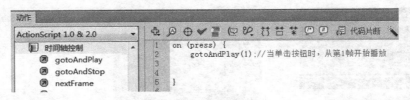

图 5-18　添加重播代码

提示：release 用于单击按钮后释放。

　　　　releaseOutside 用于单击按钮后释放并离开按钮作用区域。

　　　　rollOver 用于使鼠标移动到按钮作用区域。

　　　　rollOut 用于使鼠标离开按钮作用区域。

（7）保存并测试动画。

5.3.2　实训 2：给按钮添加超链接

（1）打开第 5 章素材中的"未加超链接按钮.fla"，选中最上面的绿色按钮，在"动作"面板中添加如图 5-19 所示的代码。

图 5-19　添加浏览器/网络代码

（2）以同样的方法分别给后面的两个按钮添加如下两个超链接。

```
https://baike.baidu.com/item/%E6%9F%8F%E6%8B%89%E5%9B%BE/85471
https://baike.baidu.com/item/%E8%8B%8F%E6%A0%BC%E6%8B%89%E5%BA%95/12690
```

（3）保存并测试动画。

5.4　练　　习

制作一个图片浏览器。

第6章 使用文本

✔ 本章学习任务

Flash CS6 具有强大的文本输入、编辑和处理功能，可以选择使用文本布局框架（Text Layout Framework，TLF）或者传统文本，为文档中的标题、标签或者其他的文本内容添加文本。本章将详细讲解文本的编辑方法和应用技巧。

➢ 在舞台工作区中添加和编辑文本
➢ 利用多种技巧编辑多彩的静态文本
➢ 对文本应用样式和格式化选项
➢ 给文本添加超链接
➢ 创建有滚动条的文本框
➢ 给文本添加各种动画功能

6.1 文本布局框架文本

在 Flash CS6 中，可以使用新文本引擎——文本布局框架向 FLA 文件添加文本。TLF 支持更多丰富的文本布局功能和对文本属性的精细控制。与以前的文本引擎（现在称为传统文本）相比，TLF 文本可加强对文本的控制。

与传统文本相比，TLF 文本提供了下列增强功能。

（1）更多字符样式，包括行距、连字、加亮颜色、下画线、删除线、大小写、数字格式及其他。

（2）更多段落样式，包括通过栏间距支持多列、末行对齐、边距、缩进、段落间距和容器填充值。

（3）控制更多亚洲字体属性，包括直排内横排、标点挤压、避头尾法则类型和行距模型。

（4）用户可以为 TLF 中的文本应用 3D 旋转、色彩效果以及混合模式等，而无须将 TLF 文本放置在影片剪辑元件中。

（5）文本可按顺序排列在多个文本容器中，这些容器称为串接文本容器或链接文本容器。

（6）能够针对阿拉伯语和希伯来语的文字创建从右到左的文本。

（7）支持双向文本，其中从右到左的文本可包含从左到右文本的元素。当遇到在阿拉伯语或希伯来语文本中嵌入英语单词或阿拉伯数字等情况时，此功能必不可少。

6.1.1 文本布局框架文本的要求

创建文本时，重要的是理解关于在 Flash 中使用文本的以下基本原则。

（1）TLF 文本是 Flash CS6 中的默认文本类型。

（2）Flash 提供了两种类型的 TLF 文本容器：点文本和区域文本。点文本容器的大小仅由其包含的文本决定。区域文本容器的大小与其包含的文本量无关。默认使用点文本。要将点文本容器更改为区域文本，可使用选择工具调整其大小或双击容器边框右下角的小圆圈。

（3）TLF 文本要求在 FLA 文件的发布设置中指定 ActionScript 3.0 和 Flash Player 10 或更高版本。

（4）使用 TLF 文本时，根据当前所选文本的类型，"属性"面板中有以下 3 种显示模式。

① 文本工具模式：此时在"工具"面板中选择了文本工具，但在 Flash 文档中没有选中文本。

② 文本对象模式：此时在舞台工作区中选中了整个文本块。

③ 文本编辑模式：此时在编辑文本块。

（5）根据希望文本在运行时的表现方式，可以使用 TLF 文本创建以下 3 种类型的文本块。

① 只读：当作为 SWF 文件发布时，文本无法选中或编辑。

② 可选：当作为 SWF 文件发布时，文本可以选中并可复制到剪贴板中，但不可以编辑。对于 TLF 文本，此设置是默认设置。

③ 可编辑：当作为 SWF 文件发布时，文本可以选中和编辑。

TLF 文本无法用作遮罩。要使用文本创建遮罩，只能使用传统文本。

6.1.2 字符样式

字符样式是应用于单个字符或字符组（而不是整个段落或文本容器）的属性。要设置字符样式，可使用文本"属性"面板中的"字符"和"高级字符"部分。

1．"字符"区域

（1）系列：字体名称。（注意：TLF 文本仅支持 OpenType 和 TrueType 字体。）

（2）样式：常规、粗体或斜体。TLF 文本对象不能使用仿斜体和仿粗体样式。某些字体还可能包含其他样式，如黑体、粗斜体等。

（3）大小：字符大小以像素为单位。

（4）行距：文本行之间的垂直间距。默认情况下，行距用百分比表示，但也可用点表示。

（5）颜色：文本的颜色。

（6）字距调整：所选字符之间的间距。

（7）加亮显示：加亮颜色。

（8）字距微调：在特定字符对之间加大或缩小距离。TLF 文本使用字距微调信息（内置于大多数字体内）自动微调字符字距。

禁用亚洲字体选项时，会显示"自动字距微调"复选框。启动自动字距微调功能时，使用字体中的字距微调信息。关闭自动字距微调功能时，忽略字体中的字距微调信息，不应用字距微调。

启用亚洲字体选项时，"字距微调"下拉列表中包括以下几项。

　　① 自动：为拉丁字符使用内置于字体中的字距微调信息。对于亚洲字符，仅对内置有字距微调信息的字符应用字距微调。没有字距微调信息的亚洲字符包括日语中的汉字、平假名和片假名。

　　② 开：总是启用字距微调功能。

　　③ 关：总是关闭字距微调功能。

　　（9）消除锯齿：有 3 种消除锯齿模式可供选择。

　　① 使用设备字体：指定 SWF 文件使用本地计算机中安装的字体样式来显示字体。通常，设备字体采用大多数字号时都很清晰。此选项不会增加 SWF 文件的大小。但是，它会强制依靠用户的计算机中安装的字体样式来进行字体显示。使用设备字体时，应选择最常安装的字体系列。

　　② 可读性：使字体更容易辨认，尤其是字号比较小的时候。要对给定文本块使用此选项，应嵌入文本对象使用的字体。（如果要对文本设置动画效果，则不要使用此选项，而应使用"动画"模式。）

　　③ 动画：通过忽略对齐方式和字距微调信息来创建更平滑的动画。要对给定文本块使用此选项，应嵌入文本块使用的字体。为提高清晰度，应在指定此选项时使用 10 点或更大的字号。

　　（10）旋转：用户可以旋转各个字符。为不包含垂直布局信息的字体指定旋转可能出现非预期的效果。旋转包括以下选项。

　　① 0°——强制所有字符不进行旋转。

　　② 270°——主要用于具有垂直方向的罗马字文本。如果对其他类型的文本（如越南语和泰语）使用此选项，则可能导致非预期的结果。

　　③ 自动——仅对全宽字符和宽字符指定 90° 逆时针旋转，这是字符的 Unicode 属性决定的。此值通常用于亚洲字体，仅旋转需要旋转的那些字符。此旋转仅在垂直文本中应用，使全宽字符和宽字符回到垂直方向，而不会影响其他字符。

　　（11）下画线：将水平线放在字符下。

　　（12）删除线：将水平线置于字符中央。

　　（13）上标：将字符移动到稍微高于标准线的上方并缩小字符。也可以使用 TLF 文本"属性"面板的"高级字符"区域中的"基线偏移"选项应用上标。

　　（14）下标：将字符移动到稍微低于标准线的下方并缩小字符。也可以使用 TLF 文本"属性"面板的"高级字符"区域中的"基线偏移"选项应用下标。

　　TLF 文本的"属性"面板如图 6-1 所示。

2．"高级字符"区域

（1）链接：使用此字段创建文本超链接。

（2）目标：用于链接属性，指定 URL 要加载到其中的窗口中。目标包括以下选项。

① _self——指定当前窗口中的当前帧。

② _blank——指定一个新窗口。

③ _parent——指定当前帧的父级。

④ _top——指定当前窗口中的顶级帧。

（3）自定义：用户可以在"目标"字段中输入任何所需的自定义字符串值。如果用户知道在播放 SWF 文件时已打开的浏览器窗口或浏览器框架的自定义名称，则将进行以上操作。

图 6-1　TLF 文本的"属性"面板

6.1.3　段落样式

要设置段落样式，应使用文本"属性"面板中的"段落""高级段落"区域，如图 6-2 所示。

图 6-2　段落样式

1．"段落"区域

（1）对齐：此属性可用于水平文本或垂直文本。"左对齐"会使文本沿容器的开始端（从左到右文本的左侧）对齐。"右对齐"会使文本沿容器的末端（从左到右文本的右端）对齐。

（2）在当前所选文字的段落方向为从右到左时，对齐方式图标的外观会反过来，以表示正确的方向。

（3）边距："开始""结束"设置指定左边距和右边距的宽度（以像素为单位），其默认值为 0。

（4）缩进：指定所选段落的第一个词缩进（以像素为单位）。

（5）间距：为段落的前、后间距指定像素值。

（6）文本对齐：指定对文本如何应用对齐，包括下列选项。

① 字母间距：在字母之间进行字距调整。

② 单词间距：在单词之间进行字距调整。此设置为默认设置。

③ 方向：指定段落方向。仅当在"首选项"中选择"从右到左"选项时，方向设置才可用。此设置仅适用于文本容器中的当前选中段落。在 TLF 文本"属性"面板的"容器和流"区域中可为容器设置单独的"方向"属性，方向包括下列选项。

● 从左到右：从左到右的文本方向，用于大多数语言。此设置为默认设置。

● 从右到左：从右到左的文本方向，用于中东语言，如阿拉伯语和希伯来语，以及基于阿拉伯文字的语言，如波斯语或乌尔都语。

2．"高级段落"区域

仅当在"首选项"中或通过 TLF 文本"属性"面板的菜单选择"亚洲文字"选项时，"高级段落"区域才可用。

"高级段落"区域的使用请参阅其他资料，此处不做详述。

6.1.4　容器和流

TLF 文本"属性"面板的"容器和流"区域用于控制影响整个文本容器的属性，包括下列属性。

（1）行为：可控制容器如何随文本量的增加而扩展，包括下列选项。

① 单行。

② 多行：此选项仅当选中文本是区域文本时可用，当选中文本是点文本时不可用。

③ 多行不换行。

④ 密码：使字符显示为点而不是字母，以确保密码安全。仅当文本（点文本或区域文本）类型为"可编辑"时才提供此选项。它不适用于"只读"或"可选"文本类型。

（2）最多字符数：文本容器中允许的最多字符数。仅适用于类型设置为"可编辑"的文本容器，最大值为 65 535。

（3）对齐方式：指定容器内文本的对齐方式，包括下列选项。

① 顶对齐：从容器的顶部向下垂直对齐文本。

② 居中对齐：将容器中的文本行居中。

③ 底对齐：从容器的底部向上垂直对齐文本行。

④ 两端对齐：在容器的顶部和底部之间垂直平均分布文本行。

（4）列数：指定容器内文本的列数。此属性仅适用于区域文本容器，其默认值是 1，最大值是 50。

（5）列间距：指定选中容器中每列之间的间距，其默认值是 20，最大值是 1000。此度量单位由"文档设置"对话框中的"标尺单位"设定。

（6）填充：指定文本和选中容器之间的边距宽度。文本的 4 个边距都可以设置"填充"。

（7）边框颜色：容器外部周围笔触的颜色，默认为无边框。

（8）边框宽度：容器外部周围笔触的宽度，仅在已选中边框颜色时可用，其最大值

是 200。

（9）背景色：文本后的背景颜色，其默认值是无色。

6.1.5　跨多个容器的流动文本

文本容器之间的串接或链接仅对 TLF 文本可用，不适用于传统文本块。文本容器可以在各个帧之间和在元件内串接，只要所有串接容器位于同一时间轴中即可。

要链接两个或更多文本容器，可进行下列操作。

（1）使用选择工具或文本工具选中文本容器。

（2）单击选中文本容器的"进"或"出"端口，此时，指针会变为已加载文本的图标。

（3）再进行以下操作之一即可。

① 要链接到现有文本容器，可将指针定位在目标文本容器上，单击该文本容器即可链接这两个容器。

② 要链接到新的文本容器，可在舞台工作区的空白区域单击或拖曳。单击操作会创建与原始对象大小和形状相同的对象；拖曳操作则可使用户创建任意大小的矩形文本容器。用户还可以在两个链接的容器之间添加新容器。

要取消两个文本容器之间的链接，可进行下列操作之一。

（1）使容器处于编辑模式，双击要取消链接的"进"或"出"端口。文本将流回到第一个容器中。

（2）删除其中一个链接的文本容器。

注：创建链接后，第二个文本容器获得第一个文本容器的流动方向和区域设置。取消链接后，这些设置仍然留在第二个文本容器中，而不是回到链接前的设置。

6.1.6　创建有滚动条的文本框

通过将 UIScrollBar 组件添加到文本字段中可以创建有滚动条的文本框。

使用文本工具 **T** 在舞台工作区中插入一个文本框，如图 6-3 所示，并在"属性"面板中做下列设置，如图 6-4 所示。

（1）"文本类型"必须设置为"可编辑"。

（2）容器和流的"行为"必须设置为"多行"或"多行不换行"，笔触颜色为灰色。

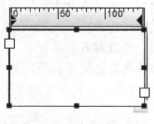

图 6-3　插入文本框

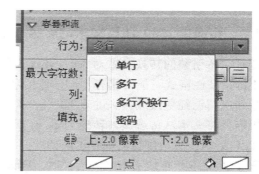
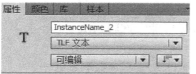

图 6-4　设置文本类型、容器和流行为

要使 TLF 文本字段可滚动，可进行下列操作。

选择"窗口"→"组件"选项，弹出"组件"面板。把组件"UIScrollBar"从"组件"面板中拖曳到文本字段的任一端，UIScrollBar 组件将贴紧到文本字段一端，如图 6-5 所示。

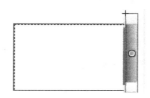

图 6-5　添加 UIScrollBar 组件

选中滚动条，设置组件的相关参数，如图 6-6 所示。其中，"vertical"表示竖直方向滚动；"horizontal"表示水平方向滚动。

图 6-6　UIScrollBar 组件的相关参数

按 Ctrl＋Enter 组合键测试动画，在动画的文本框中输入文字，当文字超过文本框的高度时，会出现垂直滚动条，如图 6-7 所示。

图 6-7　有滚动条的文本框

要使文本容器水平滚动，可进行下列操作。

（1）在舞台工作区中选中 UIScrollBar 组件实例。

（2）在"属性"面板中，将 UIScrollBar 组件的方向设置为"horizontal"，即水平方向。

（3）将 UIScrollBar 组件实例拖曳到文本容器的顶部或底部。UIScrollBar 组件将贴紧到文本容器的顶部或底部。

6.1.7　传统文本和 TLF 文本的转换

在两种文本引擎间转换文本对象时，Flash 将保留大部分格式。然而，由于文本引擎的功能不同，某些格式可能会稍有不同，包括字母间距和行距。因此，转换后应仔细检查文本并重新应用已经更改或丢失的设置。

如果需要将文本从传统文本转换为 TLF，则应尽可能一次转换成功，不要多次反复转换。将 TLF 文本转换为传统文本时也应如此。

当在 TLF 文本和传统文本之间转换时，Flash 将对应一下文本类型转换。

（1）TLF 只读→传统静态。

（2）TLF 可选→传统静态。

（3）TLF 可编辑→传统输入。

6.2　传 统 文 本

传统文本是 Flash 早期文本引擎的名称。传统文本引擎在 Flash CS6 中仍然可用，但已由更新的 TLF 文本引擎替代。在大多数情况下，应使用 TLF 文本引擎。

6.2.1　传统文本的类型

用户可以创建 3 种类型的传统文本字段：静态、动态和输入。

（1）静态文本字段显示不会动态更改字符的文本。

（2）动态文本字段显示动态更新的文本，如股票报价或天气预报。

（3）输入文本字段可以使用户在表单或调查表中输入文本。

6.2.2　创建和编辑文本字段

默认情况下，文本是水平的，但是静态文本也可以垂直对齐。

使用最常用的字处理方法编辑 Flash 中的文本，如"剪切""复制""粘贴"操作，可以在 Flash 文件中、在 Flash 和其他应用程序之间移动文本。

1．向舞台工作区中添加文本

（1）使用文本工具。

（2）在文本的"属性"面板中，选择"文本引擎"→"传统文本"选项。

（3）在面板菜单中选择一种文本类型来指定文本字段的类型。

① 动态文本用于创建一个显示动态更新的文本字段。

② 输入文本用于创建一个供用户输入文本的字段。

③ 静态文本用于创建一个无法动态更新的字段。

（4）仅对于静态文本：文本的"属性"面板中，为文本方向和文本流向选择一个方向（默认设置为水平方向）。

（5）在舞台工作区中进行下列操作之一。

① 创建在一行中显示文本的文本字段，可单击文本的起始位置。

② 创建定宽（对于水平文本）或定高（对于垂直文本）的文本字段，可将鼠标指针

定位在文本的起始位置，并拖曳到所需的宽度或高度。

　　注：如果创建的文本字段在输入文本时延伸到舞台工作区边缘以外，则文本将不会丢失。若要使手柄再次可见，则可添加换行符、移动文本字段，或选择"视图"→"剪贴板"选项。

　　（6）在"属性"面板中设置文本属性。

2．更改文本字段的大小

　　拖曳文本字段的手柄，即选中文本后，会出现一个蓝色边框，可以通过拖曳其中一个手柄来调整文本字段的大小。静态文本字段有 4 个手柄，使用它们可沿水平方向调整文本字段的大小。动态文本字段有 8 个手柄，使用它们可沿垂直、水平或对角线方向调整文本字段的大小。

3．在定宽（或定高）与可延伸之间切换文本字段

　　在定宽（或定高）与可延伸之间切换文本字段时，可双击调整大小的手柄。

4．选中文本字段中的字符

　　使用文本工具T，并进行下列操作之一。

　　① 通过拖曳选中字符。

　　② 双击选择一个单词。

　　③ 单击指定选中内容的开头，按住 Shift 键后单击指定选中内容的末尾。

　　④ 按 Ctrl+A 组合键选中字段中的所有文本。

5．选择文中字段

　　使用选择工具可选中一个文本字段，按住 Shift 键可选中多个文本字段。

6.2.3　分离传统文本

　　用户可以分离传统文本以将每个字符置于单独的文本字段中，并可以快速地将文本字段分布到不同的图层中使每个字段具有动画效果。但是，用户无法分离可滚动传统文本字段中的文本。

　　可以将文本转换为组成它的线条和填充，以将文本作为图形并进行改变形状、擦除及其他操作。同处理其他形状一样，可以单独将这些转换后的字符分组，或者将它们更改为元件并为其制作动画效果。将文本转换为图形线条和填充后，就无法再编辑该文本了。

　　注：传统文本的分离仅适用于轮廓字体，如 TrueType 字体。当分离位图字体时，它们会从屏幕上消失。

　　（1）使用选择工具选中一个文本字段。

　　（2）选择"修改"→"分离"选项，选中文本中的每个字符都会放入一个单独的文本字段。文本在舞台工作区中的位置保持不变。

　　（3）再次选择"修改"→"分离"选项，将舞台工作区中的字符转换为形状。

6.2.4　创建文本超链接

　　创建文本超链接的操作步骤如下。

　　（1）若要链接文本字段中的文本，应使用文本工具T选中文本字段中的文本；若要链接文本字段中的所有文本，应使用选择工具选中文本字段。

（2）在"属性"→"选项"→"链接"文本框中，输入文本字段要链接的 URL。

注：要创建指向电子邮件地址的链接，应使用 mailto:URL，如输入 mailto:test21@163.com。

6.3 嵌入字体

当计算机通过 Internet 播放发布的 SWF 文件时，无法保证使用的字体在这些计算机中可用。要确保文本保持所需外观，可以嵌入全部字体或某种字体的特定字符子集。通过在发布的 SWF 文件中嵌入字符，可以使该字体样式在 SWF 文件中可用，而无须考虑播放该文件的计算机。嵌入字体后，即可在发布的 SWF 文件中的任何位置使用字体。

在 SWF 文件中嵌入某种字体样式的操作步骤如下。

（1）在 Flash 中打开 FLA 文件后，进行下列操作之一，以弹出"字体嵌入"对话框。

① 选择"文本"→"字体嵌入"选项。

② 在"库"面板的菜单中选择"添加字体"选项。

③ 右击"库"面板树形视图的空白区域，在弹出的快捷菜单中选择"新建字形"选项。

④ 在文本的"属性"面板中，单击"嵌入"按钮。

（2）如果所需的字体在"字体嵌入"对话框中未被选中，则可单击"添加"按钮将新嵌入的字体添加到 FLA 文件中。如果从文本的"属性"面板或"库"面板中进行操作，弹出"字体嵌入"对话框，则该对话框中会自动显示当前所选内容使用的字体。

（3）在"选项"选项卡中，选择要嵌入字体的"系列""样式"。

（4）在"字符范围"选项组中，选择要嵌入的字符范围。嵌入的字符越多，发布的 SWF 文件越大。

（5）如果要嵌入其他特定字符，则可在"还包含这些字符"文本框中输入字符。

6.4 实   训

6.4.1 实训 1：绘制文字"蜡烛"

（1）新建一个 Flash 文件，将舞台工作区的尺寸设置为 500 像素×300 像素。

（2）使用文本工具输入文字"蜡烛"，在"属性"面板中设置字体为"华文行楷"，字号为 120，文字颜色随意。

（3）使用任意变形工具选中文字，此时文字周围会出现一个边框，拖曳边框使文字变大。使用选择工具将文字移动到舞台工作区中央，如图 6-8 所示。

图 6-8　文字变大后的效果

（4）使用选择工具选中文字，选择"修改"→"分离"选项，连续操作两次，将文字打散为矢量图。

（5）使用墨水瓶工具，在"属性"面板中，将笔触颜色设置为黄色，笔触宽度设置为5，笔触样式设置为"实线"，如图6-9所示。

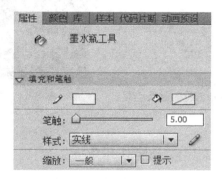

图 6-9　设置笔触属性

（6）单击舞台工作区中的文字外围，为文字添加实线的边框，将笔触宽度设置为2，使用墨水瓶工具单击文字内围来添加实线的边框，得到效果如图6-10所示。

图 6-10　添加笔触后的效果

（7）使用选择工具选中所有边框，选择"修改"→"形状"→"将线条转换为填充"选项，将边框笔触转换为填充。保持文字图形的全选状态，选择"修改"→"形状"→"柔化填充边缘"选项，弹出"柔化填充边缘"对话框，在"距离"文本框中输入"6 像素"，在"步长数"文本框中输入"10"，在"方向"选项组中选中"扩展"单选按钮，如图6-11所示。将边缘效果设置为一个渐变的样式，如图6-8所示。

图 6-11　"柔化填充边缘"对话框　　　　图 6-12　柔化填充边缘后的效果

（8）使用选择工具选中文字的黑色部分，将填充色设置为#FF9900，如图 6-13 所示。

（9）选择"修改"→"文档"选项，将背景色设置为红色，最终效果如图 6-14 所示。

图 6-13　改变填充色后的效果　　　　图 6-14　最终效果

（10）保存并测试动画。

6.4.2　实训 2：绘制文字"圣诞快乐"

（1）新建一个 Flash 文件，将舞台工作区的尺寸设置为 500 像素×300 像素。

（2）使用文本工具，在"属性"面板中设置字体为"华文彩云"，字号为96。

（3）在舞台工作区中输入文本"圣诞快乐"，并使用选择工具将其移动到舞台工作区的上方。选择"修改"→"分离"选项，连续操作两次，将文字打散为矢量图，如图 6-15 所示。

图 6-15　分离后的文字效果 1

（4）使用文本工具，在"属性"面板中设置字体为"Blackadder ITC"，字号为 68，并使文字"倾斜"。

（5）在舞台工作区中输入文本"merry christmas"，并使用选择工具将其移动到舞台工作区的下方。选择"修改"→"分离"，连续操作两次，将文字打散为矢量图，如图 6-16 所示。

merry christmas

图 6-16　分离后的文字效果 2

（6）在"颜色"面板中，将填充模式设置为"线性渐变"，并单击渐变条中间的部位，添加渐变颜色，如图 6-17 所示。

图 6-17　设置填充色 1

（7）使用选择工具 ⬆ 框选舞台的文字"圣诞快乐"，使用颜料桶工具 ⬥ 对文字进行填充，如图 6-18 所示。

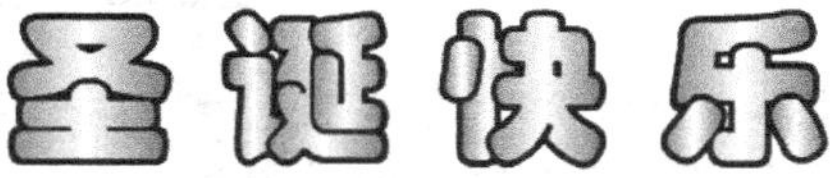

圣诞快乐

图 6-18　中文字体添加填充色的效果

（8）在"颜色"面板中，将填充模式设置为"线性渐变"，并单击渐变条中间的部位，添加渐变颜色，如图 6-19 所示。

（9）用选择工具 ⬆ 框选舞台工作区中的文字"merry Christmas"，使用颜料桶工具 ⬥，按住鼠标左键，从字母"m"左上角至最后一个字母"s"的右下角拖曳出一条填充线，如图 6-20 所示，得到填充效果，如图 6-21 所示。

图 6-19　设置渐变填充色

merry christmas

图 6-20　英文字体添加填充线

图 6-21　英文字体添加填充色的效果

（10）使用多角星形工具，设置笔触颜色为黑色，填充颜色为黄色，在"属性"面板中单击"选项"按钮，弹出的"工具设置"对话框，设置"样式"为"星形"，如图 6-22所示，单击"确定"按钮，回到舞台工作区中绘制多颗星星，如图 6-23 所示。

图 6-22　"工具设置"对话框　　　　　　　　　图 6-23　绘制星星

（11）选中任一星星，选择"修改"→"形状"→"柔化填充边缘"选项，弹出"柔化填充边缘"对话框，将"距离""步长数"均设置为 8，单击"确定"按钮后回到舞台工作区。对其他星星也做同样的操作，效果如图 6-24 所示。

图 6-24　柔化填充边缘的效果

（12）选择"修改"→"文档"选项，弹出"文档属性"对话框，将背景颜色设置为黑色，最终效果如图 6-25 所示。

（13）保存并测试动画。

图 6-25   最终效果

6.4.3   实训 3：绘制旋转拖尾文字 "endless story"

（1）新建一个 Flash 文件，将其尺寸设为 650 像素×650 像素，帧频设为 30fps，背景色设为黑色。

（2）创建图形元件 "影子"，使用文本工具选择合适的字体，在舞台工作区中输入文字 "endless story"。

（3）将文字打散为矢量图（按两次 Ctrl+B 组合键），使用颜料桶工具进行渐变填充，"颜色" 面板的相关设置如图 6-26 所示，填充前应先将文字选中，文字填充后的效果如图 6-27 所示。

图 6-26   "颜色" 面板

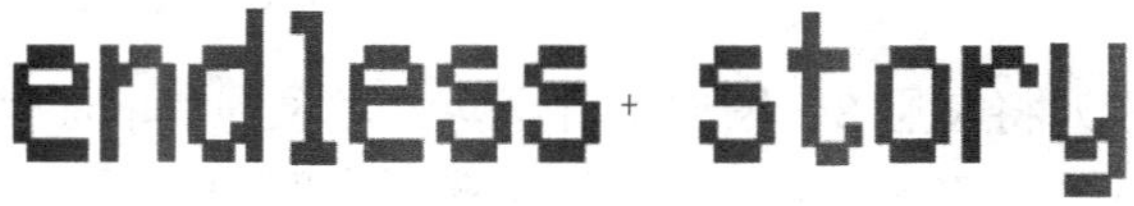

图 6-27   文字填充后的效果

（4）在元件编辑模式下选中元件 "影子" 的第 1 帧并右击，在弹出的快捷菜单中选择 "复制帧" 选择。

（5）创建图形元件 "文字"，在第 1 帧中右击，在弹出的快捷菜单中选择 "粘贴帧" 选项。

（6）使用墨水瓶工具，先为文字添加淡紫色边框，使用选择工具选中所有文字及其边框，选择 "修改" → "形状" → "将线条转换为填充" 选项。

（7）使用墨水瓶工具，为文字添加蓝色边框，如图 6-28 所示。

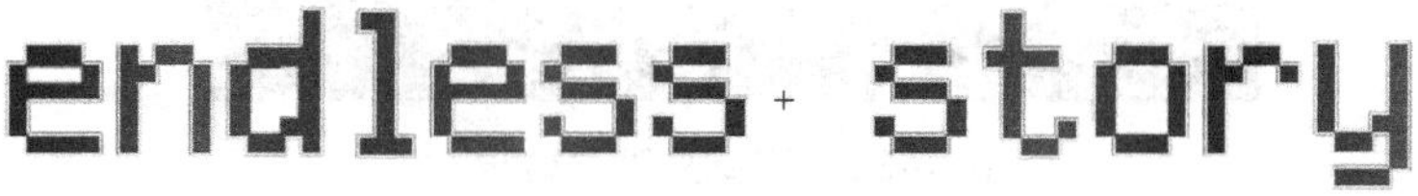

图 6-28   添加蓝色边框

（8）回到场景中，新建 8 个图层。选中"图层 9"，将"文字"元件拖曳到舞台工作区中，右击第 1 帧，在弹出的快捷菜单中选择"创建传统补间"选项，制作运动动画。在第 50 帧中插入关键帧并右击，在弹出的快捷菜单中选择"删除补间"，在第 68 帧中插入帧。选中第 1 帧，在"属性"面板中设置"旋转"为"逆时针""1"次，如图 6-29 所示。

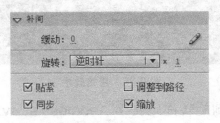

图 6-29　设置逆时针旋转 1 次

（9）锁定图层 9，拖曳 1 个"影子"元件到图层 8 的舞台工作区中，以同样的方法制作影子图层的运动动画，设为逆时针旋转，关键帧为第 3～第 52 帧，将首尾两帧的 Alpha 值都设为 88%，影子的旋转中心应与文字的中心对齐。

（10）选中图层 8 的第 3～第 52 帧，复制帧。在图层 7～图层 1 中每滞后 2 帧依次粘贴刚才复制的帧，如图 6-30 所示。

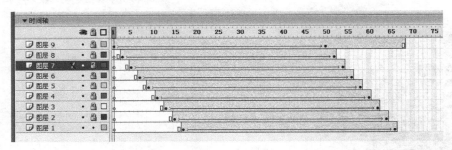

图 6-30　复制帧

（11）将图层 8～图层 1 首尾两帧对象的 Alpha 值依次设为 88%、77%、66%、55%、44%、33%、22%、11%，这样可模拟出跟踪拖尾的效果，如图 6-31 所示。

图 6-31　跟踪拖尾的效果

（12）选中图层 1 的最后一帧，在"动作"面板中输入"stop();"语句，使动画播放到最后时停止。

（13）保存并测试动画。

6.4.4　实训 4：绘制动态文本"NO WARS"

（1）新建一个 Flash 文件，将其尺寸设置为 550 像素×250 像素。

（2）新建 3 个图层，并将这 4 个图层自上而下分别命名为"文字边框""文字""图片""心跳"，如图 6-32 所示。

图 6-32　创建的 4 个图层

（3）使用文本工具 **A**，选择合适的字体并加粗，在"文字"图层中输入文本"NO WARS"，使用选择工具 将其移动到舞台工作区中央，再使用任意变形工具 调整其大小，如图 6-33 所示。

（4）选中该文本，连续两次按 Ctrl+B 组合键，将其分离为矢量图，右击该图层的第 1 帧，在弹出的快捷菜单中选择"复制帧"选项，如图 6-34 所示。

图 6-33　文字效果

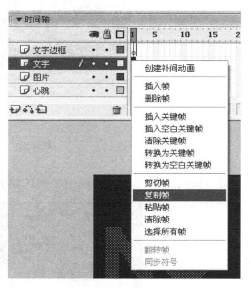

图 6-34　复制帧

（5）右击"文字边框"图层的第 1 帧，在弹出的快捷菜单中选择"粘贴帧"选项，如图 6-35 所示，直接将"文字"图层的内容复制到"文字边框"图层中。

173

图 6-35　粘贴帧

（6）锁定"文字"图层，并设置为不可见。使用墨水瓶工具 ，在"属性"面板中设置笔触颜色为浅蓝色，线宽为 1，笔触样式为"实线"，在文字上单击，为文字添加浅蓝色边框，如图 6-36 所示。

图 6-36　添加浅蓝色边框

（7）使用选择工具 选中中间的填充部分，按 Delete 键将其删除，如图 6-37 所示。

图 6-37　删除填充色

（8）锁定"文字边框"图层，分别在"文字边框""文字"图层的第 40 帧中按 F5 键插入帧，使它们在动画中保持不变，如图 6-38 所示。

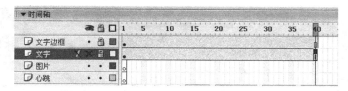

图 6-38　锁定图层

（9）选择"文件"→"导入"→"导入到库"选项，弹出"导入到库"对话框，在其中选择 5 张图片（按住 Ctrl 键可以同时选择几张图片），并将其导入到库中。

（10）创建图形元件"影片"，将刚才导入的 5 张图片依次叠放好，如图 6-39 所示。并选择"窗口"→"对齐"选项使图片对齐，如图 6-40 所示。

图 6-39　图片依次叠放

图 6-40　对齐图片

（11）退出元件编辑状态，将"影片"元件拖曳到"图片"图层第 1 帧的舞台工作区中，右击该图层第 1 帧中的关键帧，在弹出的快捷菜单中选择"创建传统补间"选项，制作运动动画，使用选择工具 将对象移动到如图 6-41 所示的位置。

图 6-41　调整第 1 帧中的图片位置

（12）在第 40 帧中按 F6 键，插入关键帧，并使用选择工具 移动对象到如图 6-42 所示的位置。

图 6-42　调整 40 帧中的图片位置

（13）解除"文字"图层的锁定，使其可见，右击该图层，在弹出的快捷菜单中选择"遮罩层"选项，将"文字"图层设置为遮罩层，图片层设置为被遮罩层，遮罩效果如图 6-43 所示。

图 6-43　遮罩效果

（14）选中"心跳"图层，使用钢笔工具 ，将笔触设置为白色，在舞台工作区中绘制出一段心率线，右击"心跳"图层第 1 帧中的关键帧，在弹出的快捷菜单中选择"创建传统补间"选项，制作运动动画，使用选择工具 将对象移动到如图 6-44 所示的位置。

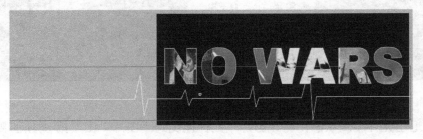

图 6-44　设置心率线初始位置

（15）在"心跳"图层的第 40 帧中按 F6 键，插入关键帧，并使用选择工具 移动对象到如图 6-45 所示的位置。

图 6-45　设置心率线结束位置

（16）保存并测试动画，可以看到图片滚动播放，心率起伏，提醒人们战争的残酷，如图 6-46 所示。

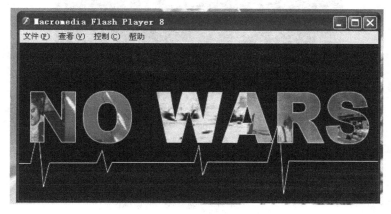

图 6-46　最终效果

6.4.5　实训 5：绘制动态文字特效"冬雪"

本实训实现在只有边框的文字中有雪纷纷下落的效果。

（1）新建 2 个图层，并将这 3 个图层自上而下分别命名为"文字边框""文字""雪景"。

（2）制作图形元件"雪花"。

① 选中"雪景"图层，选择"修改"→"文档"选项，将背景色设置为黑色。

② 选择椭圆工具，将笔触颜色设置为无，填充颜色设置为纯白色，在舞台工作区中随机绘制一些小椭圆，如图 6-47 所示。

图 6-47　绘制椭圆

③ 使用选择工具选中所有椭圆，选择"修改"→"形状"→"柔化填充边缘"选项，将距离设置为"10 像素"，步长数设置为"20"，选中"扩展"单选按钮，单击"确定"按钮。在舞台工作区中单击，出现雪花，效果如图 6-48 所示。

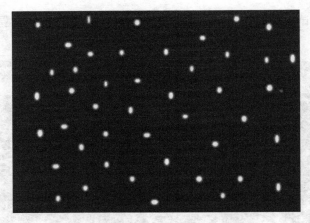

图 6-48　雪花效果

④ 使用选择工具选中所有雪花，将其转换为图形元件。

（3）制作雪花纷纷扬扬下落的效果。

① 新建影片剪辑元件，在图层 1 中将元件 1 拖曳到舞台工作区中，在第 1 帧中创建传统补间动画，在第 100 帧中插入关键帧，并把雪花向下移动到合适位置。添加图层 2，将元件 1 拖曳到舞台工作区中，处理方式与图层 1 相同。此时，时间轴效果如图 6-49 所示，舞台工作区中的效果如图 6-50 所示。

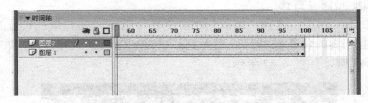

图 6-49　时间轴效果

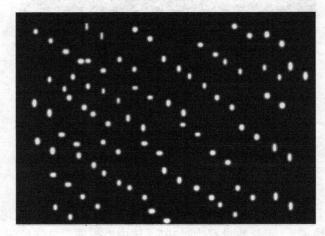

图 6-50　2 个图层叠加后的舞台效果

② 回到场景中，选中"雪景"图层，将影片剪辑元件拖曳到舞台工作区中，并锁定图层。

（4）制作"冬雪"文本内雪花飘落的效果。

① 选中"文字"图层，使用文本工具在舞台工作区中输入文字"冬雪"，将文字选中，在"属性"面板中将字体设置为"华文行楷"，字号为"96"，为了便于看清楚，将字体颜色设置为红色。使用任意变形工具将字体适当放大，并将其拖曳到舞台工作区中央，如图 6-51 所示。

图 6-51 "冬雪"文字效果

② 选中该文本，选择"修改"→"分离"选项两次，将其打散为矢量图，右击该图层的第 1 帧，在弹出的快捷菜单中选择"复制帧"选项。

③ 右击"文字边框"图层的第 1 帧，在弹出的快捷菜单中选择"粘贴帧"选项，直接将"文字"图层的内容复制到"文字边框"图层中。

④ 锁定"文字"图层，并设置为不可见。使用墨水瓶工具，在"属性"面板中，设置颜色为白色，线宽为 5，笔触样式为点刻线，如图 6-52 所示。在文字上单击，为文字添加边框，其效果如图 6-53 所示。

图 6-52 设置笔触

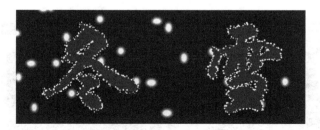

图 6-53 文字效果

⑤ 使用选择工具选中中间的填充部分，按 Delete 键将其删除，如图 6-54 所示。

⑥ 取消"文字"图层的锁定，右击"文字"图层在弹出的快捷菜单中选择"遮罩层"选项，将"文字"图层设置为遮罩层，"雪景"图层设置为被遮罩层。此时的时间轴如图 6-55 所示。

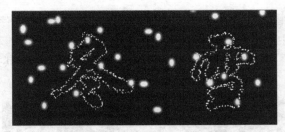

图 6-54　删除填充色后的文字效果

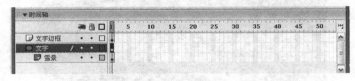

图 6-55　时间轴

⑦ 选择"修改"→"文档"选项，将背景色设置为蓝色。

⑧ 保存并测试动画，可以看到文字中有雪花在飘，最终效果如图 6-56 所示。

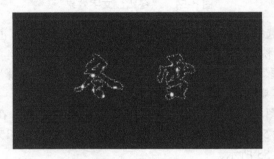

图 6-56　最终效果

6.5　练　习

（1）参考本书第 6 章练习中的素材"一切皆有可能.fla"制作一个相同的静态文本，如图 6-57 所示。

图 6-57　一切皆有可能

（2）参考本书第 6 章练习中的素材"北京奥运.fla"制作一个相同的动画，如图 6-58 所示。

图 6-58　北京奥运

第 7 章　声音与视频

⊘ **本章学习任务**

Flash CS6 可以导入外部的声音与视频素材作为动画的背景音乐或音效。本章主要介绍声音与视频素材的多种格式，以及导入、编辑声音与视频的方法。

> ➢ 导入声音文件
> ➢ 编辑声音文件
> ➢ 了解视频和音频编码选项
> ➢ 在 Flash 中嵌入视频
> ➢ MTV 的制作方法

7.1　声　　音

记录声音最普遍的方法是利用声波图来体现声音的高低及持续时间，如图 7-1 所示。

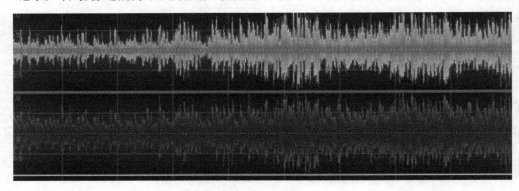

图 7-1　声波图

声波图用长短不一的竖线表示声音的高低起伏，声波图中的每一条竖线都代表了一个声音采样，声音的质量正是由每秒的声音采样值和每个采样值的大小（位数）来决定的。

Flash 中导入的声音大小将直接决定 Flash 文件的大小，因此必须平衡音质和文件大小之间的关系。

通常，对于发布在网络中的 Flash 作品，应该采取较低的位数及采样，缩短其下载的时间。

对于发布在光盘中并用于本地浏览的媒体，则可以适当提高位数及采样。

Flash 本身没有录制及加工编辑声音的功能，因此要使用声音只能由外部导入。

声音的来源：可以使用软件记录声音，也可以从网络中下载声音集。

1．Flash 支持的声音格式

可以导入到 Flash 的声音文件格式包括 WAV、MP3。

如果安装了 QuickTime 4 或其更高版本，则可以导入以下附加的声音文件格式：AIFF、Sun AU、WAV。

2．导入声音

将声音文件导入到当前文档库中，即可将声音文件导入到 Flash 中。

（1）选择"文件"→"导入"→"导入到库"选项。

（2）弹出"导入"对话框，定位并打开所需的声音文件。

注：也可以将声音从公用库中拖曳到当前文档库中。

Flash 在库中保存声音、位图和元件。只需声音文件的一个副本即可在文档中以多种方式使用这个声音。

如果想在 Flash 文档之间共享声音，则可以把声音包含在共享库中。

Flash 包含一个声音库，其中包含可用作效果的多种有用声音。若要使用声音库，可选择"窗口"→"公用库"→"声音"选项。若要将声音库中的某种声音导入到 FLA 文件中，可将此声音从声音库中拖曳到 FLA 文件的"库"面板中。也可以将声音库中的声音拖曳到其他共享库中。

声音要使用大量的磁盘空间和 RAM，但是 MP3 格式的声音文件的数据经过了压缩，比 WAV 或 AIFF 格式的数据量小。通常，使用 WAV 或 AIFF 文件时，最好使用 16～22kHz 单声（立体声使用的数据量是单声的两倍），但是 Flash 可以导入采样率为 11kHz、22kHz 或 44kHz 的 8 位或 16 位的声音。当将声音导入到 Flash 中时，如果声音的记录格式不是 11kHz 的倍数，则会重新采样。当从 Flash 中导出声音时，会把声音转换为采样率比较低的声音。

如果要向 Flash 中添加声音效果，则最好导入 16 位声音。如果 RAM 有限，则应使用短的声音剪辑或用 8 位声音而不是 16 位声音。

7.2 添 加 声 音

可以使用库将声音添加到文档中，或者在运行时使用 Sound 对象的 loadSound 方法将声音加载到 SWF 文件中。有关信息可参阅其他资料，这里只涉及基本的操作方法。

（1）如果声音还未导入到库中，则先将其导入。

（2）选择"插入"→"时间轴"→"图层"选项。

（3）选中新建的声音图层后，将声音从"库"面板中拖曳到舞台工作区中，声音即可添加到当前图层中。

可以把多个声音放在一个图层中，或放在包含其他对象的多个图层中，但建议将一个声音放在一个独立的图层中，每个图层都作为一个独立的声道使用。播放 SWF 文件时，会混合所有图层中的声音。

（4）在"时间轴"面板中，选中包含声音文件的第一个帧。

（5）选择"窗口"→"属性"选项，弹出"属性"面板。

（6）在"属性"面板中，在"声音"区域中选择声音文件。

（7）在"效果"区域中选择效果选项。各选项的意义如下。

① 无：不对声音文件应用效果。选择此选项后将删除以前应用的效果。

② 左声道/右声道：只在左声道或右声道中播放声音。

③ 从左到右淡出/从右到左淡出：会将声音从一个声道切换到另一个声道。

④ 淡入：随着声音的播放逐渐增加音量。

⑤ 淡出：随着声音的播放逐渐减小音量。

⑥ 自定义：允许使用"编辑封套"功能创建自定义的声音淡入、淡出点。

（8）在"同步"区域中选择"同步"选项。

注：如果放置声音的帧不是主时间轴中的第 1 帧，则选择"停止"选项。

① 事件：会将声音和一个事件的发生过程同步起来。事件声音（如用户单击按钮时播放的声音）在显示其起始关键帧时开始播放，并独立于时间轴完整播放，即使 SWF 文件停止播放也会继续。当播放发布的 SWF 文件时，事件声音会混合在一起。如果事件声音正在播放，而声音再次被实例化（如用户再次单击按钮），则第一个声音实例继续播放，另一个声音实例同时开始播放。

② 开始：与"事件"选项的功能相近，但是如果声音已经播放，则新声音实例不会播放。

③ 停止：使指定的声音静音。

④ 流：同步声音，以便在网站上播放。Flash 会强制动画和音频流同步。如果 Flash 不能足够快地绘制动画的帧，就会跳过帧。与事件声音不同，音频流随着 SWF 文件的停止而停止，且音频流的播放时间绝对不会比帧的播放时间长。当发布 SWF 文件时，音频流会混合在一起。

音频流的一个示例就是动画中一个人物的声音在多个帧中播放。

注：如果使用 MP3 格式的声音作为音频流，则必须重新压缩声音，以便能够导出。可以将声音导出为 MP3 格式的文件，所用的压缩设置与导入时的设置相同。

（9）为"重复"设置一个值，以指定声音应循环的次数，或者选择"循环"选项以连续重复声音。

要连续播放，应输入一个足够大的数值，以便在扩展持续时间内播放声音。例如，若要在 15 分钟内循环播放一段 15 秒的声音，则应输入 60。不建议循环播放音频流。如果将音频流设为循环播放，则帧会添加到文件中，文件的大小将根据声音循环播放的次数而倍增。

（10）若要测试声音，则应在包含声音的帧上拖曳播放头，或选择"控制器"或"控制"菜单中的选项。

7.2.1 声音的长度

判断声音在时间轴上的长度，如图 7-2 所示，可以使用以下方法。

（1）在"时间轴"面板的底部查看当前文件的"帧速率"。

（2）选中声音所在的帧。

（3）在"属性"面板中查看声音的总秒数。

（4）用帧数×秒数即可计算出声音在时间轴上的总秒数。

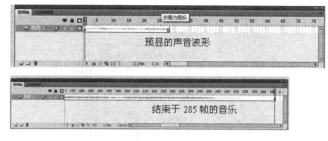

图 7-2　声音的长度

7.2.2　声音的属性

同一个声音文件，可以制作出不同的声音效果。通过"属性"面板可以对声音进行设置，"声音"的属性面板如图 7-3 所示。

图 7-3　"声音"的属性面板

（1）名称：用于在关键帧中添加或取消声音文件。单击"名称"下拉按钮，在弹出的下拉列表中将显示影片中包含的所有声音文件。

（2）效果：用于设置声音文件的各种效果。单击"效果"下拉按钮，在弹出的下拉列表中可以选择各种声音效果。

（3）同步：用于设置声音文件的播放方式。单击"同步"下拉按钮，在弹出的下拉列表中可以选择各种播放方式。

7.2.3　声音的效果

"效果"下拉列表中共包含 8 个选项，其中有 6 个选项为 Flash 自带的声音效果，剩余两个选项为"无""自定义"，如图 7-4 所示。

（1）无：没有效果。

（2）左声道：仅播放左声道中的声音。

（3）右声道：仅播放右声道中的声音。

（4）从左到右淡出：左声道中的声音逐渐减小到无，右声道中的声音逐渐增大到最大音量。

（5）从右到左淡出：右声道中的声音逐渐减小到无，左声道中的声音逐渐增大到最大音量。

（6）淡入：声音在开始播放的一段时间内逐渐增大，达到最大音量后保持不变。

（7）淡出：声音在结束播放的一段时间内逐渐减小，直到消失。

（8）自定义：自行设置声音效果。

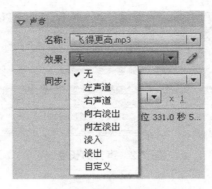

图 7-4 设置声音效果

7.2.4 声音的同步

"同步"下拉列表中共包含 4 个选项：事件、开始、停止和数据流，如图 7-5 所示。

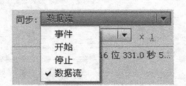

图 7-5 声音的同步设置

（1）事件：使声音和一个事件的发生过程同步起来。事件声音是独立于时间轴存在的声音类型，因此在播放时不受时间轴的控制。也就是说，即使影片结束，声音也会完整地播放完毕。

在"事件"选项下方可以设置声音的播放次数，有"重复""循环"两个选项可供选择，如图 7-6 所示。选择"重复"选项后，可以在其右侧的文本框中输入需要重复的数值。例如，要在 1 分钟内循环播放一段 5 秒的声音，就需要在文本框中输入数值 12。选择"循环"选项后，声音会一直播放。

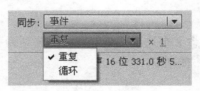

图 7-6 设置声音的同步方式

（2）开始：与事件的功能类似，其区别在于，选择"开始"选项后，在声音播放的过程中，如果遇到同样的声音文件，仍会继续播放原来的声音文件，而不是重新开始播放。

（3）停止：停止声音的播放。

（4）数据流：使声音文件与"时间轴"面板中的动画同步。也就是说，声音被分派到动画的每一个帧中，动画停止时，声音也停止。

7.2.5 声音的压缩

在导出影片时，可以对声音进行压缩，达到减小文件数据量的目的。通过设置声音属性，可以控制单个声音文件的导出质量和大小。如果没有定义声音的导出设置，则按照"发布设置"对话框中的默认设置导出声音；也可以选择"文件"→"发布设置"选项，在弹出的"发布设置"对话框中改变默认设置。

弹出"声音属性"对话框的操作步骤如下。

双击"库"面板中的声音图标或选中"库"面板中的某个声音文件，单击"库"面板下方的属性按钮 ⓞ，即可弹出"声音属性"对话框，如图 7-7 所示。

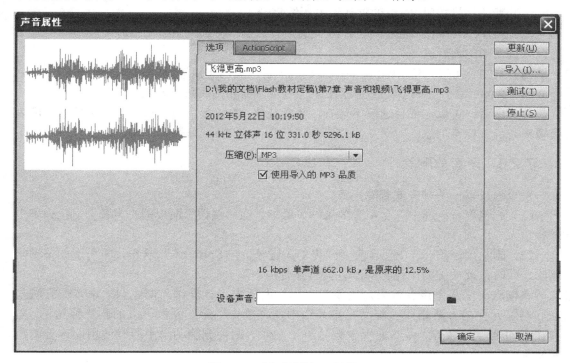

图 7-7　"声音属性"对话框

"声音属性"对话框中显示了声音的各种基本属性，如声音的名称、存储的路径、采样率、声道、位数、播放所需时间及文件大小等信息，且在预览窗格中显示了声音的波形。下面介绍"声音属性"对话框中各选项的意义。

（1）"更新"按钮：如果硬盘中的文件被修改过，则单击"更新"按钮可更新动画中的声音文件。

（2）"导入"按钮：为动画添加其他声音文件。

（3）"测试"按钮：预听当前的声音文件。

（4）"停止"按钮：停止声音的测试。

"声音属性"对话框的主要功能是压缩声音文件。声音文件的压缩比例越高，导出的声音质量就越差，文件体积也就越小。反之，声音文件的压缩比例越低，导出的声音质量就越好，文件体积也就越大。

单击"压缩"下拉按钮，弹出的下拉列表中提供了 5 种声音格式，如图 7-8 所示。

图 7-8　设置声音格式

（1）默认：将按照 Flash 的默认设置压缩声音。

（2）ADPCM：用于设置 8 位或 16 位的声音数据，特别适用于压缩时间较短的声音文件，如按钮中的声音。

（3）MP3：可以按照 MP3 压缩格式导出声音，适用于压缩时间较长的声音文件。

（4）Raw：在导出声音时不进行压缩，适用于需要高质量声音效果的动画。

（5）语音：可以在低位速度下运行，且性能比 MP3 更优越。选择该选项后，仅可以设置声音的采样率信息。

7.2.6　声音的删除

可以通过以下两种方式删除声音。

（1）删除声音：选中包含声音效果的关键帧，在"属性"面板的"声音"下拉列表中选择"无"选项。

（2）删除关键帧：选中包含声音效果的关键帧，按 Shift+F6 组合键，将所选的关键帧删除，此时，此关键帧中包含的所有信息都会被删除。

要彻底删除某个声音效果，需要在"库"面板中进行操作。彻底删除声音的方法与彻底删除元件的方法相同，都是先将其选中，再单击"库"面板下方的删除按钮。需要注意的是，如果从"库"面板中删除声音文件，则会删除动画中所有使用此声音的声音文件。

7.3　添加声音实例

7.3.1　为影片添加声音

（1）打开本书素材中的"配套资料"/"声音与视频"/"素材"/"下雨.fla"文件，预览文件效果。

（2）打开"素材"/"为影片添加声音素材.fla"文件。

（3）新建图层并重命名为"下雨声音"，如图 7-9 所示。

图 7-9　新建图层

（4）选择"文件"→"导入"→"导入到库"选项，将"素材"文件夹中的"下雨.mp3"文件导入到"库"面板中，如图 7-10 所示。

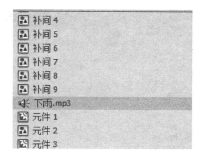

图 7-10　导入音乐

（5）选中"下雨声"图层的第 1 帧，从库中把"下雨.mp3"拖曳到舞台工作中，"下雨声"图层的第 1 帧中多了一条横线，如图 7-11 所示，说明声音已添加成功。

图 7-11　添加声音

（6）选中"声音"图层的第 1 帧，设置声音的属性，如图 7-12 所示。

图 7-12　设置声音的属性

（7）保存并测试动画，可以发现下雨动画已添加了下雨声。

7.3.2　为按钮添加声音

1．添加声音

（1）打开本书中的素材"配套资料"/"声音与视频"/"素材"/"向按钮添加声音未添加.fla"文件。

（2）导入声音。选择"文件"→"导入"→"导入到库"选项，弹出"导入到库"对话框，如图 7-13 所示，找到声音文件 001.wav，单击"打开"按钮，可看到"库"面板中已有 001.wav 声音文件，如图 7-14 所示。以同样的方法导入 002.wav。

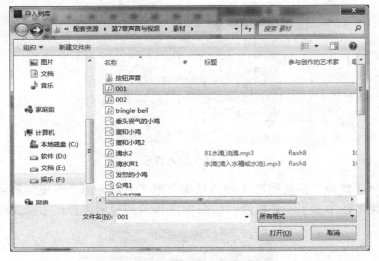

图 7-13　"导入到库"对话框

图 7-14　"库"面板

（3）为"开始"按钮的"指针经过"帧添加声音。在"库"面板中双击"开始"按钮，切换到"开始"按钮的编辑状态，在"时间轴"面板中单击"插入图层"按钮，插入图层 2。在"指针经过"帧中插入关键帧，将"库"面板中的 001.wav 文件拖曳到舞台工作区中。在图层 2 的后 3 帧中可见波形，如图 7-15 所示，说明声音已添加进去。选中"按下"帧和"点击"帧并右击，在弹出的快捷菜单中选择"删除帧"选项，删除"按下"帧和"点击"帧中的声音，添加声音后的帧效果如图 7-16 所示。

图 7-15　为按钮添加声音

图 7-16　添加声音后的帧效果

（4）选中"指针经过"帧，在"属性"面板中设置"同步"为"事件"，设置"重复"

为"1"，如图 7-17 所示。

图 7-17　设置声音属性

（5）用同样的方法把"002.WAV"添加到"停止"按钮上。

2．测试声音效果

（1）回到场景中，在"时间轴"面板中单击"插入图层"按钮 🔁，插入图层 5，并把图层命名为"按钮"。在"库"面板中把"开始"按钮元件和"停止"按钮元件拖曳到舞台工作区中。

（2）保存并测试动画，把鼠标指针移动到按钮上时，可听到声音播放了 1 次。

3．用按钮控制动画的播放

（1）为"开始"按钮添加代码。选中场景中的"开始"按钮，在"动作-按钮"面板中输入如下代码，如图 7-18 所示。

```
on (press) {
    play();
}
```

图 7-18　添加开始播放代码

（2）为"停止"按钮添加代码。以同样的方法在"停止"按钮中添加如下代码，如图 7-19 所示。

```
on (press) {
    stop();
}
```

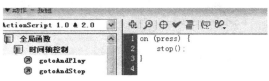

图 7-19　添加停止播放代码

（3）为"重播"按钮添加代码。以同样的方法在"重播"按钮中添加如下代码，如图 7-20 所示。

```
on (press) {
    gotoAndPlay(1);
}
```

图 7-20　添加重播代码

（4）保存并测试动画。单击"停止"按钮，影片可停止播放；单击"开始"按钮，影片可开始继续播放；单击"重播"按钮，影片可从第 1 帧重新开始播放。

7.4　添加视频实例

添加视频的操作步骤如下。

（1）新建一个 Flash 文件。

（2）选择"文件"→"导入"→"导入视频"选项，弹出"导入视频"对话框，如图 7-21 所示。

（3）单击"浏览"按钮，打开本书素材中第 7 章"素材"文件夹中的"婴儿生气的样子.flv"视频文件。

（4）单击"下一步"按钮，弹出"设定外观"对话框，如图 7-22 所示。

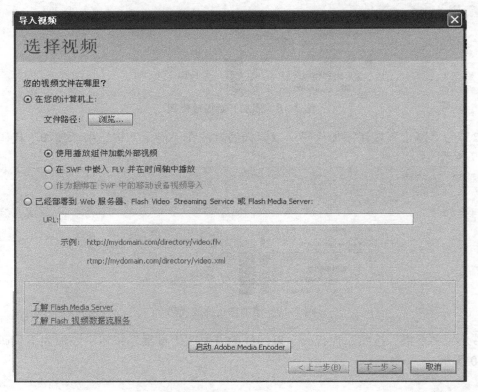

图 7-21　"导入视频"对话框

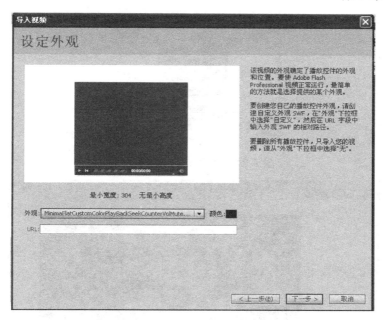

图 7-22　"设定外观"对话框

（5）可以在"外观"下拉列表中选择一种外观，也可以设置颜色。单击"下一步"按钮，弹出"完成视频导入"对话框，如图 7-23 所示，单击"完成"按钮。

（6）这样"库"面板就增加了一个视频，如图 7-24 所示。

（7）按 Ctrl+Enter 组合键，查看导入的视频效果，可以看到带有一个播放控制条的视频，如图 7-25 所示。

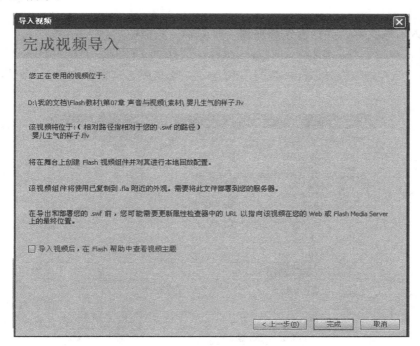

图 7-23　"完成视频导入"对话框

图 7-24　"库"面板中的视频

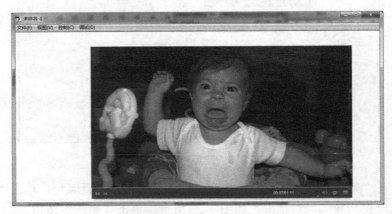

图 7-25　视频效果

7.5　实　　训

1. 导入音乐文件，并把音乐添加到"时间轴"面板中

（1）导入声音文件。新建一个 Flash 文件，选择"文件"→"导入"→"导入到库"选项，弹出"导入到库"对话框，如图 7-26 所示，找到声音文件"鸡可爱.mp3"，单击"打开"按钮。

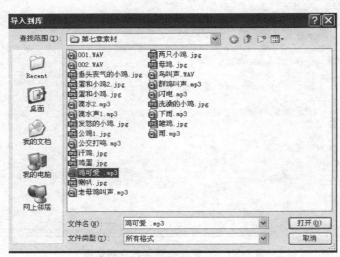

图 7-26　"导入到库"对话框

（2）把音乐添加到时间轴中。把图层 1 命名为"音乐"，从"库"面板中把"鸡可爱.mp3"拖曳到舞台工作区中。在"属性"面板中，"同步"选择"数据流"，"重复"为"1"。可任意选中后面的帧并右击，在弹出的快捷菜单中选择"插入帧"选项，可看到时间轴中有波形，如图 7-27 所示，说明音乐已被添加进去。

图 7-27　添加音乐

注：要知道音乐有多少帧，可在时间轴几千帧的地方插入帧，若波形变为直线，则说明音乐结束了，如图 7-28 所示。

图 7-28　波形为直线说明音乐结束了

2．添加帧标签以确定歌词出现的帧位置

（1）插入图层 2，并命名为"歌词"。

（2）按 Enter 键试听音乐，当听到第 1 句时（第 192 帧处），按 Enter 键使音乐停止。在图层 2 的该帧中插入一个空白关键帧，在帧"属性"面板中"标签"的"名称"文本框中输入"我不想说"，如图 7-29 所示。时间轴中即出现相应的标志，如图 7-30 所示。以同样的方法为所有的歌词都加上标记，这样可保证在画面中显示歌词时，歌词能和声音保持同步。

图 7-29　添加帧标签

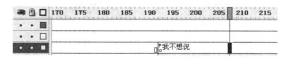

图 7-30　帧标签效果

3．在舞台工作区中制作背景动画、添加歌词

（1）选择"文件"→"导入"→"导入到库"选项，把需要的图片都导入到库中。

（2）新建影片剪辑元件"洗澡"，以作为背景动画。

① 新建影片剪辑元件，并命名为"洗澡"，把库中的"洗澡的小鸡.jpg"拖曳到舞台工作区中。"修改"→"分离"选项，把图片打散，使用套索工具和魔术棒工具把背景删除。

②在第 8 帧中插入关键帧。修改第 8 帧中小鸡的形状，使用橡皮擦工具擦去小鸡头上的毛，并用铅笔工具添加 3 根线条，使其形状与第 1 帧不同。使用铅笔工具在小鸡的嘴角添加两笔，绘制出微笑的形状。第 1 帧和第 8 帧小鸡的效果分别如图 7-31 和图 7-32 所示。在第 15 帧中插入关键帧。

图 7-31　第 1 帧中小鸡的效果　　　　　图 7-32　第 8 帧中小鸡的效果

③制作泡泡飞溅的动画。选中图层 2，使用椭圆工具，设置笔触为无，填充为放射状渐变，渐变的颜色可自行选择，绘制出一个小圆。在第 15 帧中插入关键帧，调节第 1 帧小圆的位置，使其靠近澡盆，调节第 15 帧中小圆的位置，使其离开澡盆一些。在第 1 帧和第 15 帧中创建补间动画。第 1 帧和第 15 帧中小圆的位置分别如图 7-33 和图 7-34 所示。

④再插入图层 3 至图层 6，用同样的方法制作其他泡泡的动画效果。注意飞溅的方向和位置要各不相同。

图 7-33　第 1 帧中小圆的位置　　　　　图 7-34　第 15 帧中小圆的位置

（3）新建图形元件"我很清洁"，以添加歌词。

新建图形元件，使用椭圆工具，笔触颜色可自行选择，笔触宽度为 12，笔触样式为虚线，在舞台工作区中绘制一个圆。使用文本工具在圆中输入文字"我很清洁"，字号、字体和颜色可自行选择。本实训中的效果如图 7-35 所示。

图 7-35　图形元件

4．制作歌词动画

（1）回到场景中，在音乐图层和歌词图层中添加图层 2、图层 3、图层 4、图层 5、图层 6 共 5 个图层。在图层 2 的第 192 帧中插入关键帧，在舞台工作区中输入文字"我"，字体、字号、颜色可自行选择。在第 200 帧中插入关键帧。合理设置第 192 帧和第 200 帧中"我"的位置，如图 7-36 和图 7-37 所示，在两帧之间创建传统补间动画。

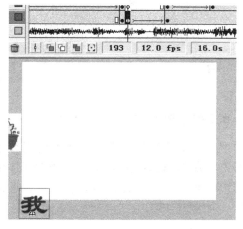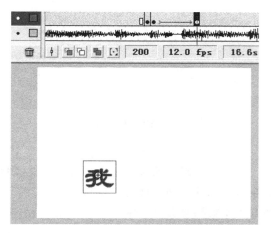

图 7-36　歌词"我"动画设置 1　　　　　图 7-37　歌词"我"动画设置 2

（2）在图层 3 的第 200 帧中插入关键帧，在舞台工作区中输入文字"不想"，字体、字号、颜色可自行选择。在第 207 帧插入关键帧。合理设置第 200 帧和第 207 帧中"不想"的位置，如图 7-38 和图 7-39 所示，在两帧之间创建动作补间动画。

图 7-38　歌词"不想"动画设置 1　　　　图 7-39　歌词"不想"动画设置 2

（3）同理，在图层 4 中制作歌词"说"的动画，"说"出现在第 207 帧和第 217 帧中。"说"的动画设置如图 7-40 和图 7-41 所示。

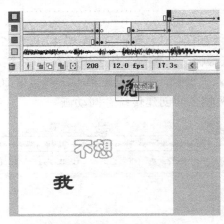

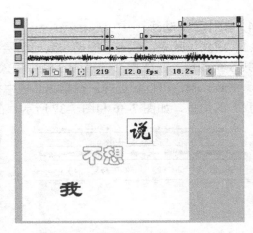

图 7-40　歌词"说"动画设置 1　　　　　图 7-41　歌词"说"动画设置 2

（4）选中图层 5 的第 234 帧，在"库"面板中把"我很清洁"元件拖曳到舞台工作区中。在第 259 帧中插入关键帧。选中第 234 帧并右击，在弹出的快捷菜单中选择"创建传统补间"选项，在"属性"面板中，"旋转"为"逆时针"2 次，如图 7-42 所示。合理调整第 234 帧和第 259 帧中"我很清洁"元件的位置，如图 7-43 和图 7-44 所示。

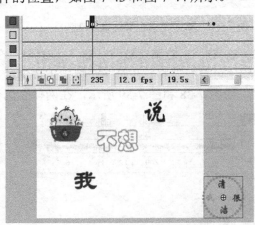

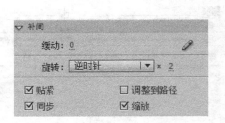

图 7-42　设置逆时针旋转 2 次　　　　　图 7-43　设置起始帧位置

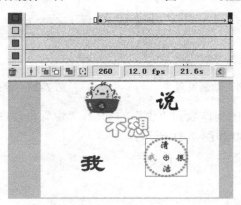

图 7-44　设置结束帧位置

5．制作背景动画

选中图层 6 的第 192 帧，把"洗澡"影片剪辑元件拖曳到舞台工作区中。在第 276 帧中插入关键帧，创建补间动画。合理调整第 192 帧和第 276 帧中"洗澡"影片剪辑元件的位置，如图 7-45 和图 7-46 所示。

分别在图层 2、图层 3、图层 4、图层 5、图层 6 的第 277 帧中插入空白关键帧，以便开始第 2 句歌词的制作。关于后续的动画，读者可根据自己的喜好进行制作。

保存并测试动画。

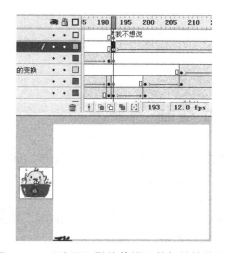

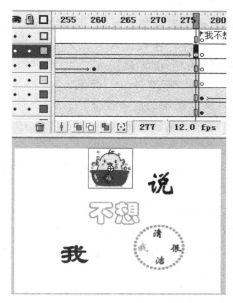

图 7-45　"洗澡"影片剪辑元件起始帧位置　　　　图 7-46　"洗澡"影片剪辑元件结束帧位置

7.6　练　　习

（1）请参考本书素材中"鸡可爱.fla"自行设计完成一个 MTV 作品。

（2）请制作一个新年贺卡，贺卡中要求有音乐，并可以使用按钮控制音乐的播放。

第 8 章　发布 Flash 文档

✅ 本章学习任务

在制作 Flash 动画时，可以测试作品是否达到了预期的效果，还可以对作品进行优化，以保证最好的网络播放效果。制作完成的 Flash 作品可以输出或发布，制作成脱离 Flash CS6 环境的其他文件格式。本章主要包括如下内容。

- ➢ 测试 Flash 文档
- ➢ 了解"带宽设置"面板
- ➢ 更改文档的发布设置
- ➢ 发布 SWF 文件及其 HTML 文件

8.1　发布 Flash 动画

在完成 Flash 项目后，可以将其发布为 SWF 文件，以应用于网站；或者发布为放映文件，以获得最终的可移植性；或者把动画中的帧另存为图像文件。

本章将把知识点放在操作中讲解，不再单独列出。

（1）双击本书素材中的"第 8 章发布 Flash 文档"/"圣诞快乐事件音乐.html"文件，启动 Web 浏览器，并播放 HTML 文件，它会显示 SWF 文件。

（2）关闭刚才的文件。

8.2　了解带宽设置

可以使用带宽设置预览最终的项目在不同下载环境中可能的表现。

8.2.1　带宽设置

带宽设置提供了诸如文件总体大小、总帧数、舞台工作区尺寸，以及数据在所有帧中如何分布之类的信息。可以使用带宽设置查明具有大量数据的位置，以便查看在影片回放过程中可能发生暂停的位置。

（1）选择"控制"→"测试影片"→"在 Flash Professional 中"选项，如图 8-1 所示。Flash 将导出一个 SWF 文件，并在新窗口中显示影片，如图 8-2 所示。

（2）选择"视图"→"带宽设置"选项，将在影片上面弹出一个新窗口，其左侧列出了影片的基本信息，右侧会显示时间轴，它带有灰色条形，表示每个帧中的数据量，如图 8-3 所示。时间轴中条形越高，表示包含的数据越多。

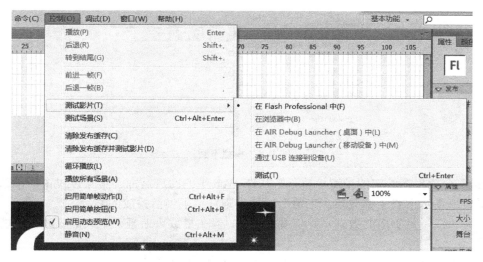

图 8-1　测试影片

图 8-2　测试效果　　　　　　　　图 8-3　带宽设置

8.2.2　测试下载性能

可以设置不同的下载速度，并测试影片在不同条件下的回放性能。

（1）在"测试影片"模式下，选择"视图"→"下载设置"→"DSL"选项。

DLS 设置是一种典型的 Internet 连接，也是下载速度的度量，其对应于 32.6KB/s。

（2）选择"视图"→"模拟下载"选项，如图 8-4 所示。

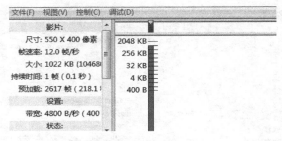

图 8-4　模拟下载

Flash 会模拟在给定的带宽设置下影片在 Web 中的回放过程。带宽设置窗口顶部的绿色水平条形指示下载了哪些帧，三角形播放头则标记了当前播放的帧。

一旦下载了足够多的数据，就会播放影片，但在播放头追赶已下载部分时仍可能有一些暂停。

（3）选择"视图"→"下载设置"→"T1（131.2 KB/s）"选项。T1 是比 DSL 快的宽带连接，它模拟了 131.2KB/s 的下载速度，如图 8-5 所示。

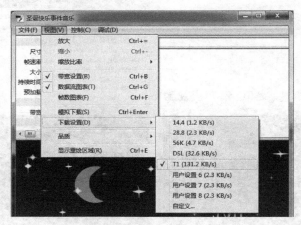

图 8-5　下载设置

（4）选择"视图"→"模拟下载"选项，Flash 将会模拟在更快的速度下，影片在 Web 中的回放过程。

8.3　为 Web 发布影片

在为 Web 发布影片时，Flash 会创建一个 SWF 文件和一个 HTML 文档，告诉 Web 浏览器如何显示 Flash 内容。需要把这两个文件及 SWF 文件引用的其他任何文件（如 FLV 或 F4V 视频文件）都上传到 Web 服务器中。

8.3.1　指定 Flash 文件设置

可以确定 Flash 如何发布 SWF 文件，包括其需要的 Flash Player 版本、使用的 ActionScript 版本，以及怎样显示和播放影片。

（1）选择"文件"→"发布设置"选项，弹出"发布设置"对话框。

（2）在对话框中选中"Flash（.swf）""HTML 包装器"复选框，如图 8-6 所示。

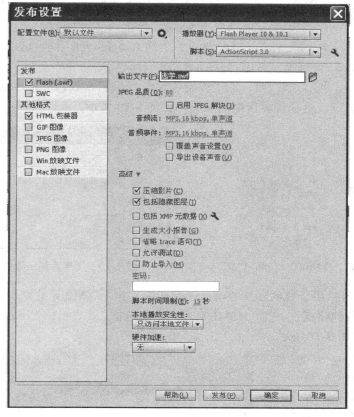

图 8-6　"发布设置"对话框

（3）单击"播放器"右侧的下拉按钮，在弹出的下拉列表中选择 Flash Player 的版本，如图 8-7 所示。

图 8-7　选择 Flash player 的版本

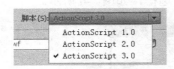

图 8-8　选择 ActionScript 版本

在 Flash Player 10 以前的播放器版本中，一些 Flash CS6 的特性将不会像所期望的那样工作。如果使用了 Flash CS6 的最新特性，则应选择 Flash Player 11.2。

（4）选择合适的 ActionScript 版本。这里选择 ActionScript 3.0，如图 8-8 所示。

（5）如果包括声音，则可以设置"音频流""音频事件"，如图 8-9 所示，也可以选择音频压缩的品质，如图 8-10 所示。

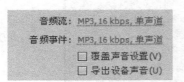

图 8-9　设置"音频流""音频事件"

图 8-10　选择音频压缩的品质

（6）如果想包括用于说明影片的信息，则选中"包括 XMP 元数据"复选框。

（7）选中"其他格式"中的"HTML 包装器"复选框，在"模板"下拉列表中选择"仅 Flash"选项，如图 8-11 所示。

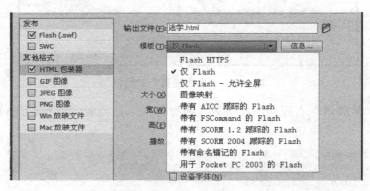

图 8-11　选择模板类型

提示：要了解其他模板类型，可以选择一个选项，并单击"信息…"按钮。

8.3.2　检查 Flash Player 的版本

有些 Flash 特性需要使用 Flash Player 的特定版本才能像预期的那样工作，可以自动检测用户的计算机中安装的 Flash Player 版本，如果 Flash Player 版本不是所需的版本，则会弹出一条信息，提示观众下载更新的播放器。

（1）在"发布设置"对话框中，选中"其他格式"的"HTML 包装器"复选框。

（2）选中"检测 Flash 版本"复选框，如图 8-12 所示。

（3）选择输入要检测的 Flash Player 最早版本，如图 8-13 所示。

图 8-12　检测 Flash 版本

图 8-13　输入 Flash Player 的版本

（4）单击"发布"按钮，单击"确定"按钮，关闭"发布设置"对话框。

8.3.3　更改显示设置

可以更改浏览器中显示 Flash 影片的方式。"大小"下拉列表和"缩放"下拉列表确定了影片的大小，以及变形和裁剪程度，如图 8-14 所示。

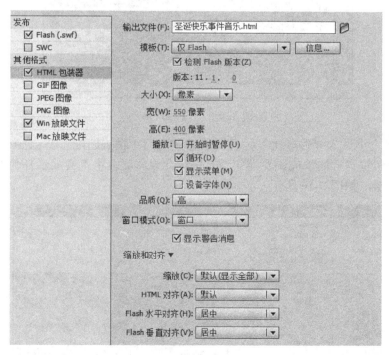

图 8-14　更改显示设置

（1）选择"文件"→"发布设置"选项，弹出"发布"对话框。

（2）选中"HTML 包装器"对话框。

① 设置"大小"为匹配影片，在 Flash 中将以完全相同的舞台工作区大小播放 Flash 影片。

② 设置"大小"为"像素"，可以设置 Flash 影片为不同大小（以像素为单位）。

③ 设置"大小"为"百分比"，可以设置 Flash 影片为不同大小（以浏览器窗口的百分比显示影片）。

④ 设置"缩放"为"默认（显示全部）"，将使影片适合于浏览器窗口以显示所有的内容，而不会有任何变形或裁剪。如果用户减小了浏览器窗口的大小，则内容仍会保持不变，但是会被窗口剪短。

⑤ 设置"大小"为"百分比"并设置"缩放"为"无边框"，将缩放影片使之适合于浏览器窗口，它不会产生任何变形，但是会裁剪内容以便使影片能够放在窗口中，如图 8-15 所示。

图 8-15　无边框效果

⑥ 设置"大小"为"百分比"并设置"缩放"为"精确匹配"，将对影片进行缩放，以同时在水平和垂直方向填充浏览器窗口。进行此设置时，将不会显示任何背景颜色，但是内容可能变形，如图 8-16 所示。

图 8-16　精确匹配效果

⑦ 设置"大小"为"百分比"并设置"缩放"为"无缩放"，无论浏览器窗口的大小如何，都将使影片大小固定不变，如图 8-17 所示。

图 8-17　无缩放效果

参 考 文 献

[1] 温俊芹. Flash CS3 制作基础与案例教学. 北京：北京理工大学出版社，2008.
[2] 吴一珉，宋军，胡巧玲，等. Flash CS6 动画制作与特效设计 200 例. 北京：中国青年出版社，2013.